核安全文化特征

张玮 齐媛 杨丽丽 杨岩飞 郑洁莹 安洪振 费成博 张天祝 著

中国原子能出版社

图书在版编目（CIP）数据

核安全文化特征 / 张玮等著. —北京：中国原子能出版社，2016.12

ISBN 978-7-5022-7794-9

Ⅰ.①核… Ⅱ.①张… Ⅲ.①核安全-安全文化-研究 Ⅳ.①TM623.8

中国版本图书馆 CIP 数据核字（2016）第 320036 号

核安全文化特征

出版发行　中国原子能出版社（北京市海淀区阜成路 43 号 100048）
责任编辑　付　凯
装帧设计　崔　彤
责任校对　冯莲风
责任印制　潘玉玲
印　　刷　保定市中画美凯印刷有限公司
经　　销　全国新华书店
开　　本　787mm×1092mm　1/32
印　　张　7.75
字　　数　128 千字
版　　次　2016 年 12 月第 1 版　2016 年 12 月第 1 次印刷
书　　号　ISBN 978-7-5022-7794-9　　定　　价　68.00 元

网址：http://www.aep.com.cn　　E-mail：atomep123@126.com
发行电话：010-68452845

前　言

我国已经将核安全纳入国家总体安全体系，明确了对核安全的战略定位。2014 年 3 月 24 日，习近平主席在荷兰海牙第三届核安全峰会上发表重要讲话，提出了应坚持理性、协调、并进的核安全观，阐述了中国将坚持培育和发展核安全文化的主张。2016 年 4 月 1 日，在美国华盛顿第四届核安全峰会上，习近平主席再次强调，中国将强化核安全文化，营造共建共享氛围。

2014 年 12 月 19 日，国家核安全局会同国家能源局、国防科工局联合发布了《核安全文化政策声明》，这是中国政府部门关于核安全文化的首个政策声明，也是国际上首例由国家核安全监管部门会同核电发展部门、核工业主管部门联合发布关于核安全文化的政策声明。《核安全文化政策声明》发布后，引起了广泛关注。

为了进一步开展核安全文化培育和评估工作，我们开展了核安全文化的多项研究，其中之一是根据《核安全文化政策声明》提出的八大特征，建立符合我国实际情况的核安全文化评估指标和体系。

为了加深大家对核安全文化特征的理解，我们根据研究过程中形成的重要成果，反复斟酌，多方论证，形成了《核安全文化特征》一书。本书全面介绍了国际、国内核安全文化的历史和现状，对《核安全文化政策声明》提出的八大特征进行了详细的分析和研究，充分体现了国际核安全文化先进理念和良好实践，反映了我国核安全监管机构对核安全文化建设工作的充分重视。

本书共分十二章。第一章由杨丽丽编写，第二章由齐媛、费成博、郑洁莹、安洪振编写，第三章由杨岩飞、张玮编写，第四、五章由张玮编写，第六章由安洪振编写，第七章由杨岩飞编写，第八章由郑洁莹编写，第九章由张玮编写，第十章由费成博编写，第十一章由齐媛编写，第十二章由杨丽丽编写。全书由张天祝统稿。

本书的出版得到了环境保护部（国家核安全局）的大力支持，得到了环境保护部核与辐射安全中心领导和同事的帮助，在此深表谢意！

由于水平有限，书中难免存在一些不足，敬请广大读者指正。

目 录

第一章　核安全文化概述

知者行之始，行者知之成。圣学只一个功夫，知行不可分作两事。

——王阳明

一、核安全文化的起源

（一）核安全文化的提出

在核工业发展之初，主要是从技术角度考虑核安全。强调保守的设计，重视设备和系统的可靠性，考虑多重性和多样性；强调所有工作都使用程序，并重视程序的质量；确立了纵深防御、故障安全、单一故障、多重性和多样性等诸多安全原则。然而，由于管理上存在漏洞、操纵员培训不充分、程序不完善、控制室设计存在缺陷等诸多方面的原因，发生了多起核临界事故，尤其是 1979 年美国三哩岛核电厂发生了严重事故。事故后的原因分析表明，操纵员的失误是主要原因之一，所以此后人因工程被业界所重视。业界将技术因素和人的因素结合起来，提出了“控制室系统”的概念，并应用系统工程的方法设计控制室，按人机工效学原则选择仪表和布置台盘，以此来保证核安全。同时，制定了更加完善的运行规程和应急操作规程，加强了操作员的培训。技术可靠性的提高和人因工程的推广，大大提高了核电厂抵御严重事故的能力。

然而，短短几年之后，又发生了更为严重的切尔诺贝利核事故，造成的经济损失更为惨重，其社会影响更是至今仍然存在。分析表明，操作人员的过失、错误和违章是造成事故的主要因素。

经过这两次严重的事故，核能界进行了深刻的反思和总结。采用保守设计，在设备的质量和可靠性显著提高的情况下，并且考虑了人因工程的前提下，为什么还是会发生如此严重的事故呢？大量的实践统计表明，核电厂安全事件和事故中大概有一半与人为失误有关。核能界将其归因于安全文化的问题。

在切尔诺贝利核事故的总结报告中，国际原子能机构（IAEA）的国际核安全咨询组（INSAG）引入了“安全文化”的管理术语，并在 INSAG-3《核电厂基本安全原则》中对该术语做了进一步的阐述，将其作为基本的管理原则之一，希望以此防止和减少人因失误（1999 年，IAEA 修订 INSAG-3，发布了 INSAG-12《核电厂基本安全原则》）。此后，IAEA 在一系列出版物中不断发展和完善这一理念，并逐渐为业界所接受和重视。

（二）核安全文化的实践

“安全文化”的概念被提出以后，各主要国际组织和有核国家都积极研究和实践。IAEA 推动了概念研究和探讨、安全文化的表现和衡量指标开发、评估方法研究、良好实践总结、加强和改进安全文化等各项工作。在 30 多年中，IAEA 逐步完善和丰富了核安全文化的理论体系和实践要求，对世界各国均有重要的参考和指导意义。世界核电营运者协会（WANO）发布了有关核安全文化特征的文件，并对成员单位开展了同行评估。美国核管会（NRC）发布了关于安全文化的政策声明，修改了相关的监督程序，与行业共同研究制定了安全文化共同用语，发布了安全文化的评价指南，制定了各类解读和宣传材料；而美国核电运行研究所（INPO）作为行业代表，参与了安全文化共同用语的研究和制定工作，并发布文件描述了核安全文化的特征、属性和行为。在比利时，监管部门结合国情开发了自己的核安全文化特征模型，并形成了由监督员和协调员分工配合开展核安全文化监督的工作模式。在芬兰，监管机构开发了核安全文化观察和评价的工具，并应用于监督工作中。

而在我国，从 20 世纪 90 年代开始，行业内就已经开始了核安全文化的传播工作，并开展了核安全文化培育。2010 年以后，两大核电集团——中核集团和中广核集团，逐步建立了各自的核安全文化评估体系，既吸收了国际上先进的研究成果，又结合了自身的实践经验，并在集团企业内开展评估工作。中核集团以WANO的核安全文化特征为基础，开发了自己的核安全文化评估文件，并以此为依据对昌江、福清等核电厂开展了集团组织的核安全文化评估；中广核集团则引入了INPO的核安全文化评估理念，消化吸收形成了一系列自己的核安全文化评估材料，并以此为依据对大亚湾、防城港等核电厂以及集团所属研究院开展了集团组织的核安全文化评估。

（三）福岛核事故的经验教训

在切尔诺贝利核事故后的20多年，核能的发展比较平稳，没有发生严重事故。直到2011年，日本福岛第一核电厂发生了严重事故。

福岛核事故的调查结果显示，安全文化的缺失是重要问题。在事故之前，日本存在一个基本假设，即核电厂的设计以及已经建立的安全措施是足够强健的，能够承受具有低概率和严重后果的外部事件。引发事故的水淹风险，导致多台机组全厂断电共因故障的可能性都被排除在基本假设范围之外。这一基本假设影响了各方的行动：原子力安全和保安院未能对有关核安全的其他假设提出质疑，工作缺乏综合性和主动性，没有更新法规，没有开展复杂的应急演练；东电公司相信其核电厂有能力避免严重事故，没有遵循国际最新的严重事故管理导则。在利益相关者中强化了关于核电厂技术设计坚固性的基本假设，也导致没有及时引入安全改进。这些事实都表明了安全文化的缺失。因此，此次事故重要的经验教训之一就是要促进和加强安全文化，个人和组织需要持续挑战或重新审查有关核安全的现行假设和可能影响核安全的决定和行动的隐含意义。

核能的发展史和发生的核事故都表明了核安全文化的重要性。在实践中，通过对大量的事件和事故的根本原因分析发现，许多问题都能归结到安全文化的缺失上，这也从侧面表明了核安全文化的重要性。

二、国家总体安全体系

中国共产党十八届三中全会公报提出，要设立国家安全委员会，完善国家安全体制和国家安全战略，确保国家安全。2014 年 1 月 24 日，中共中央政治局召开会议，研究决定中央国家安全委员会的设置。2014 年 4 月 15 日，中共中央总书记、国家主席、中央军委主席、中央国家安全委员会主席习近平主持召开中央国家安全委员会第一次会议并发表重要讲话。他强调，要准确把握国家安全形势变化的新特点新趋势，坚持总体国家安全观，走出一条中国特色国家安全道路。

习近平同志指出，当前我国国家安全的内涵和外延比历史上任何时候都要丰富，时空领域比历史上任何时候都要宽广，内外因素比历史上任何时候都要复杂，必须坚持总体国家安全观，以人民安全为宗旨，以政治安全为根本，以经济安全为基础，以军事、文化、社会安全为保障，以促进国际安全为依托，走出一条中国特色国家安全道路。贯彻落实总体国家安全观，必须既重视外部安全，又重视内部安全，对内求发展、求变革、求稳定、建设平安中国，对外求和平、求合作、求共赢、建设和谐世界；既重视国土安全，又重视国民安全，坚持以民为本、以人为本，坚持国家安全一切为了人民、一切依靠人民，真正夯实国家安全的群众基础；既重视传统安全，又重视非传统安全，构建集政治安全、国土安全、军事安全、经济安全、文化安全、社会安全、科技安全、信息安全、生态安全、资源安全、核安全等于一体的国家安全体系；既重视发展问题，又重视安全问题，发展是安全的基础，安全是发展的条件，富国才能强兵，强兵才能卫国；既重视自身安全，又重视共同安全，打造命运共同体，推动各方朝着互利互惠、共同安全的目标相向而行。

2015 年 7 月 1 日，全国人大常委会审议通过了《中华人民共和国国家安全法》。该法规定，维护国家安全的任务包括维护政治安全、公民生命财产安全、国土安全、军事安全、经济安全、金融安全、能源安全、粮食安全、文化安全、科技安全、网络与信息安全、社会安全、生态安全、核安全，维护海外中国公民、组织和机构及国家海外利益的安全，维护我国在外层空间、国际海底区域和极地的活动、资产和其他利益的安全等方面。该法第三十一条规定，“国家坚持和平利用核能和核技术，加强国际合作，防止核扩散，完善防扩散机制，加强对核设施、核材料、核活动和核废料处置的安全管理、监管和保护，加强核事故应急体系和应急能力建设，防止、控制和消除核事故对公民生命健康和生态环境的危害，不断增强有效应对和防范核威胁、核攻击的能力。”

由此可见，我国已将核安全纳入国家总体安全体系，还将其写入国家安全法，明确了对核安全的战略定位。核安全是当前国际国内形势下我国国家安全的有机组成部分，对生态安全、经济安全、社会安全和政治安全等安全领域都有重要影响，在国家总体安全体系中具有举足轻重的地位。总体国家安全观将核安全作为非传统安全纳入国家安全体系，使国家安全的内涵更加丰富，内容更加全面，领域更加宽广。既体现了国家对安全形势的科学研判和安全战略思想的与时俱进，更体现了国家对核安全的高度重视和确保核安全的坚定信心。

总体国家安全观是一个具有开放性的战略思想体系，将随着改革开放和国家安全实践的持续推进而不断充实发展。

三、核安全观

目前，全球有数百座核电厂在运行，核电厂的安全、核废料的处理等问题越来越受到国际社会的重视。而随着核能、核技术的广泛应用，核材料安全风险上升，核恐怖主义的潜在威胁也引起关注。

“9·11”事件以后，美国始终把核恐怖主义威胁视为国家安全的头等威胁之一。2009 年 4 月 5 日，时任美国总统奥巴马发表了关于“无核世界”的演说，并倡议召开核安全峰会。2010 年，美国主办召开了第一届核安全峰会。此后，核安全峰会每两年举行一次，迄今已召开过 4 届。时任中国国家主席胡锦涛出席了前两届峰会，并发表重要讲话，阐述了中国在核安全领域的政策主张、所做努力和重要举措。

2014年3月，在第三届海牙核安全峰会上，中国国家主席习近平首次阐述了核安全观，提出“要坚持理性、协调、并进的核安全观，把核安全进程纳入健康持续发展的轨道”。

他强调：

“第一，发展和安全并重，以确保安全为前提发展核能事业。作为保障能源安全和应对气候变化的重要途径，和平利用核能事业，如同普罗米修斯带到人间的火种，为人类发展点燃了希望之火，拓展了美好前景。同时，如果不能有效保障核能安全，不能妥善应对核材料和核设施的潜在安全风险，就会给这一美好前景蒙上阴影，甚至带来灾难。要使核能事业发展的希望之火永不熄灭，就必须牢牢坚持安全第一原则。

“我们要秉持为发展求安全、以安全促发展的理念，让发展和安全两个目标有机融合，使各国政府和核能企业认识到，任何以牺牲安全为代价的核能发展都难以持续，都不是真正的发展。只有采取切实举措，才能真正管控风险；只有实现安全保障，核能才能持续发展。

“第二，权利和义务并重，以尊重各国权益为基础推进国家核安全进程。没有规矩，不成方圆。各国要切实履行核安全国际法律文书规定的义务，全面执行联合国安理会有关决议，巩固和发展现有核安全法律框架，为国际核安全努力提供制度保障和普遍遵循的指导原则。中国呼吁更多国家积极考虑批准核材料实物保护公约及其修订案、制止核恐怖主义行为国际公约。

“各国国情不同，核能事业处于不同发展阶段，面临的核安全挑战也不尽相同。一把钥匙开一把锁。在强调各国履行有关国际义务的同时，也要尊重各国根据本国国情采取最适合自己的核安全政策和举措的权利，尊重各国保护核安全敏感信息的权利，坚持公平原则，本着务实精神，积极稳妥推进国际核安全进程。

“第三，自主和协作并重，以互利共赢为途径寻求普遍核安全。核安全首先是国家课题，首要责任应该由各国政府承担。各国政府要知责任、负责任，强化核安全意识，培育核安全文化，加强机制建设，提升技术水平。这既是对自己负责，也是对世界负责。

“核安全也是全球性课题。一个木桶的盛水量，是由最短的那块板决定的。一国核材料丢失，全世界都将面临威胁。实现普遍核安全，需要各国携手努力。我们要吸引更多国家加入国际核安全进程，使各国既从中受益，也为之作出贡献，争取实现核安全进程全球化。我们要加强交流、互鉴共享，有关多边机制和倡议要统筹协调、协同努力，争取做到即使不在同一起跑线上起跑，也不让一个伙伴掉队。

“第四，治标和治本并重，以消除根源为目标全面推进核安全努力。核安全涉及不同层面，既包括实施科学有效管理，发展先进安全核能技术，也包括妥善应对核恐怖主义和核扩散。完善核安全政策举措，发展现代化和低风险的核能技术，坚持核材料供需平衡，加强防扩散出口控制，深化打击核恐怖主义的国际合作，是消除核安全隐患和核扩散风险的直接和有效途径。

“治标还要治本。只有营造和平稳定的国际环境，发展和谐友善的国家关系，开展和睦开放的文明交流，才能从根源上解决核恐怖主义和核扩散问题，实现核能的持久安全和发展。”

习近平主席还表示，中国将坚定不移增强自身核安全能力，继续致力于加强核安全政府监管能力建设，加大核安全技术研发和人力资源投入力度，坚持培育和发展核安全文化。

两年后，在第四届华盛顿核安全峰会上，习近平主席发表了题为《加强国际核安全体系，推进全球核安全治理》的重要讲话，在“核安全观”的基础上，再次就核安全阐述中国主张，介绍中国成就，提出中国举措。这次讲话丰富和发展了核安全观。在海牙核安全峰会上，习近平主席主张构建一个公平、合作、共赢的国际核安全体系。这次讲话中，他指出：“以公平原则固本强基，以合作手段驱动发展，以共赢前景坚定信心，为核能安全造福人类提供强有力、可持续的制度保障。”为此，提出了“强化政治投入，把握标本兼治方向；强化国家责任，构筑严密持久防线；强化国际合作，推动协调并进势头；强化核安全文化，营造共建共享氛围”的四个强化主张。对于核安全文化，他特别强调“法治意识、忧患意识、自律意识、协作意识是核安全文化的核心，要贯穿到每位从业人员的思想和行动中，使他们知其责、尽其职。”

核安全观是现阶段中国倡导的核安全文化的核心价值观，是国际社会和中国核安全发展经验的总结；核安全观是培育发展核安全文化的指导思想，将引领核安全文化建设与发展的方向，指导我国核安全文化建设进一步深化和持续发展。

四、核安全文化政策声明

2014 年 12 月，为落实核安全观和国家安全战略，推动全行业核安全文化培育与发展，国家核安全局会同国家能源局、国防科工局联合发布了《核安全文化政策声明》。

《核安全文化政策声明》阐明了对核安全文化的基本态度，培育和实践核安全文化的原则要求。国家核安全监管部门和相关部门、各核能与核技术利用单位、工程和服务单位及利益相关单位均应遵守这些态度和要求，并付诸实践。

《核安全文化政策声明》结合中国的实践经验，给出了“核安全”与“核安全文化”的定义。

核安全是指对核设施、核活动、核材料和放射性物质采取必要和充分的监控、保护、预防和缓解等安全措施，防止由于任何技术原因、人为原因或自然灾害造成事故，并最大限度地减少事故情况下的放射性后果，从而保护工作人员、公众和环境免受不当的辐射危害。

核安全文化是指各有关组织和个人以“安全第一”为根本方针，以维护公众健康和环境安全为最终目标，达成共识并付诸实践的价值观、行为准则和特性的总和。

由此可见，核安全文化实际上是一套取得共识的价值观、行为准则和特性，目的在于维护公众健康和环境安全，它要求有关组织和个人在实践中始终以“安全第一”为根本方针。

《核安全文化政策声明》提出了培育与实践核安全文化的八个特征：

(1) 决策层的安全观和承诺；

(2) 管理层的态度和表率；

(3) 全员的参与和责任意识；

(4) 培育学习型组织；

(5) 构建全面有效的管理体系；

(6) 营造适宜的工作环境；

(7) 建立对安全问题的质疑、报告和经验反馈机制；

(8) 创建和谐的公共关系。

这八个特征以我国核安全文化建设的良好实践为基础，充分吸收了国际社会先进经验，主要体现了两方面的考虑：一是培育良好核安全文化的行动主体，二是培育核安全文化的内外部环境。培育核安全文化的行动主体是核安全文化响应的各层级人员，分为决策层、管理层和个人。前三个特征的内容分别给出了对这三个层级人员的要求，后五个特征的内容分别给出了对培育核安全文化内外部环境的要求。对内部环境的要求包括培育学习型组织，建立有效的管理体系，营造适宜的工作环境以及建立对安全问题的质疑、报告和经验反馈机制；对外部环境的要求是创建和谐的公共关系。

核安全文化的培育是一个长期过程，应持续不断地推进。核安全监管部门和政府相关部门要加强政策引导、制定鼓励核安全文化培育的相关政策，加大贯彻实施力度。核能与核技术利用单位要将核安全文化融入生产和管理的各个环节，做到凡事有章可循，凡事有据可查，凡事有人负责，凡事有人监督；加大培育力度，定期开展评估，保证核安全文化建设在本单位有效落实。从业人员要严格要求自己，培养良好的工作习惯和质疑的工作态度，树立知责、尽责、负责的责任意识和学法、知法、守法的法治观念，持续提升个人的核安全文化素养。还要推行同行评估，开展核安全文化培育和实践的第三方评估活动，开展全行业的核安全文化经验交流。

《核安全文化政策声明》的发布对于在行业内凝聚力量，形成对核安全文化的共识具有重要意义。它鼓励消除任何自满情绪，进一步查漏补缺，从各个方面培育与加强核安全文化，进而全面提升我国核安全水平。

五、核安全法规导则对核安全文化的要求

我国核安全监管机构非常重视核安全文化，在多个核安全法规导则中明确了“安全文化”的要求。

1. HAF001/02—1995《民用核设施安全监督管理条例实施细则之二——核设施的安全监督》

第九条规定，现场核安全监督员具体职责之一是“向核设施营运单位及有关单位和人员宣传国家核安全政策和法规，并监督其执行法规和贯彻核安全文化的情况”。

2. HAF102—2016《核动力厂设计安全规定》

第3.3.4条规定，“全面负责设计过程的部门必须保证核动力厂设计满足安全性、可靠性和质量方面的验收准则。这些准则符合相关的法律法规和标准规范。必须建立并明确工作范围和职责，以保证：

“（1）……

“（2）持续保证设计安全的方式包括设计验证、确定工程规范和标准及要求、采用经验证的工程实践、

提供建造经验反馈、批准重要工程文件、开展安全评价和保持安全文化；"

3. HAF103—2004《核动力厂运行安全规定》

第 2.1.13 条规定，"营运单位必须保证定期审查核动力厂的运行情况，其目的在于强化安全意识及提高安全文化水平，遵守为增强安全而制定的规定，及时更新文件并防止过分自信和自满的情绪。"

4. HAF401—1997《放射性废物安全监督管理规定》

该规定 4.3 节为"安全文化"，其中第 4.3.1 条规定，"安全文化要求从事放射性废物管理的个人和组织对安全具有献身精神和责任感。负责放射性废物管理活动的领导和组织应建立和执行利于促进安全文化的制度和程序。"

第 4.3.2 条规定，"提高安全意识的责任，主要由各组织的高层管理人员承担。所有从事放射性废物管理的组织都应制订和执行有关安全的规章和审查程序，以确保建立和使用正确的方法，形成和保持安全意识。应该制订和执行强调安全重要性和个人行为要求的员工培训大纲。"

5. HAD102/16—2004《核动力厂基于计算机的安全重要系统软件》

第 3.2.2 条是对安全文化的要求，规定"开发具有高安全重要性系统的软件项目的工作人员应包括应用专家以及计算机软件和硬件专家。这种专家组合有助于保证将工业上成熟的、已成惯例的安全要求有效地传递给计算机专家。应保证所有人员理解他们的工作如何关系到安全要求的实现，同时应鼓励他们开展能妥善处理系统安全的研究活动并作出相应决定。这意味着软件专家也需要深刻地了解应用。一种合适的规格说明语言（例如图示语言）能用于描述安全功能。”

6. HAD103/05—2013《核动力厂人员的招聘、培训和授权》

第 2.1.4 条规定，“只有具有足够胜任力（包括知识、技能和核安全文化素养）的人员才能被授权承担安全重要岗位职责。”

第 2.3.1.5 条规定，“在核动力厂人员的选择和岗位分配过程中，应考虑核安全文化和安全管理经验等特殊要素。”

第 2.7.2 条规定，“应确保参与设计、制造、建造、运行、维修或常规安全重要活动的供方单位人员掌握核动力厂使用的标准，并有足够的核安全文化素养。”

第 3.3.4 条规定，在进行核动力厂人员选择时，

"应考虑核安全文化素养要求"。

第 3.3.7 条规定，在选择管理人员时，"核安全文化素养是重要的选择因素"，且任何情况下均应考虑核安全文化素养。

第 4.1.1.7 条规定，"核动力厂管理者应支持培训体系的正常运转，并且自身还应接受核安全文化的培训。对于一些特定岗位，应'定制'特定岗位培训大纲，以对其技能和核安全文化素养提供最佳的培训。"

第 4.1.4.1 条规定，"核动力厂人员的培训……，还应包括为确保他们理论和实践方面的知识、技能和核安全文化素养持续满足岗位人员资格要求，必须在整个任职期间接受的再培训。再培训应致力于技能和核安全文化素养的持续改进。"

第 4.1.4.3 条规定，"初始培训目的是促进受训人员在知识、技能和核安全文化素养方面有高水平的表现，使核动力厂人员达到他们承担岗位职责所必需的胜任力"，且初始培训的内容应包括"培育核安全文化素养"。

第 4.2.1.4 条规定，"应对所有核动力厂人员进行有效的核安全文化培训。"

第 4.2.2.1 条规定，"管理人员培训应强调核安全文化素养的培养。应使管理人员能够促使核动力厂人员意识到安全应是日常活动的一个主要目标，并明确安全重于生产需要。”

第 4.2.3.2 条规定，“操纵人员还应受到有关核动力厂诊断、控制活动、管理任务以及诸如核安全文化、人机以及人与人（合作）接口等人因方面的培训。”

第 4.2.4.2 条规定，“应在维修人员培训的各个方面适当地强调核安全文化。”

第 4.2.6.1 条规定，“内部或外部的培训教师在被指派的职责领域中应具有足够的知识、技能和核安全文化素养。”

第 4.2.6.3 条规定，“应对培训机构人员进行营运单位政策有关事项的适当培训，特别是安全管理、核安全文化和质量保证方面的培训。”

第 4.2.7 条规定，“应向所有员工讲授核安全文化的基本原则，还应定期地提供一些通用主题的知识更新培训。”

第 4.4.1.1 条规定，“……特别应设计应急演练脚本和相应的培训项目，以确保核动力厂人员和其他参与单位的人员具有在紧张的应急情况下完成非例行任务所要求的知识、技能和核安全文化素养。”

7. HAD103/06—2006《核动力厂营运单位的组织和安全运行管理》

第 1.1.3 条规定，“对安全的重视要求管理者认识到：……营运单位的组织机构、管理标准和管理控制应高度保证安全政策和决策得以实施，安全不断地得到加强，安全文化得到支持和促进。”

第 1.2.2 条规定，“本导则讨论了在下述方面要考虑的一些因素：……（d）在营运单位内部维持健全的安全文化。”

第 3.2.1 条规定，“核动力厂经理的职责包括：实施营运单位的安全政策，建立和维持健全的安全文化，管理和验证安全相关的活动。”

第 5.1.1 条规定，“安全管理制度应由营运单位所作的需要促进健全的安全文化并实现和维持良好的安全业绩的那些安排组成。”

8. HAD103/11—2006《核动力厂定期安全审查》

第 4.1.4 条规定，“根据当前的实践，为了便于审查，将安全分析方面划分为确定论安全分析、概率安全分析和灾害分析三个安全要素。……鉴于质量保证和安全文化是影响安全的每项活动不可分割的组成部分，没有将它们单独列出。……在审查每个安全要素时，应考虑在核动力厂运行中是否存在适当的安全文化的证据。”

第 4.2.8.2.1 条规定，“审查时若发现某一性能低于标准性能，则应对可能的原因（例如程序、培训和安全文化上的缺陷）作后续审查。”

第 4.2.10.2 条规定，“在每次进行定期安全审查时应分析核动力厂的组织机构和行政管理对核安全的影响。组织机构和行政管理连同人因在确立安全文化中起着重要作用。该审查应坚持组织机构和行政管理，以确保组织机构和行政管理符合已被采纳的良好实践，不会对风险有不可接受的贡献。审查的方面应包括：管理（包括自我评价和持续改进的安排，核动力厂营运单位的可能影响安全的组织机构或资源变更控制的安排）、人事更替计划、……”

附件Ⅰ列出了审查要点，包括核动力厂设计、老化、安全分析、经验反馈和人因等方面。在人因方面，根据Ⅰ.6.3，“安全文化培训，尤其是对核动力厂管理人员”是要点之一。

9. HAD202/03—1996《研究堆的应用和修改》

第 11 章“反应堆实验和修改的质量保证”规定，“在实施某项具体的任务（例如设计和制造）中达到质量要求的基本责任必须由执行这项任务的人员承担，而不是由设法用监测和监查的方法来确保达到质量要求的人员承担。因此，质量保证是该单位安全文化的一个至关重要的方面。”

10. HAD202/06—2010《研究堆维修、定期试验和检查》

第5.3.1条规定，营运单位在履行责任过程中，应保证“在机构内建立了安全文化氛围，且员工的工作态度和工作环境有助于安全地进行维修、定期试验和检查。”

第5.3.5.2条规定，“应采取适当的措施来保证承包商遵守营运单位的技术标准及安全文化。”

11. HAD202/07—2012《研究堆堆芯管理和燃料装卸》

第8.2条规定，“营运单位负责在参与堆芯管理和燃料装卸活动的工作人员之间建立明确的授权和联系渠道、准备和管理实施程序、必要的人员培训和再培训及开发和培育良好的核安全文化。”

12. HAD301/03—1998《乏燃料贮存设施的运行》

第4.3条规定，“管理体系应在运行的各个方面建立并保持一种安全文化环境；应鼓励各级工作人员以一种批评性的方式来审视各种与安全有关的运行问题，并主动对其所从事的工作提出安全改进的建议。”

13. HAD401/07—2013《γ辐照装置退役》

第4.1.2条规定，“应对实施退役工作的人员进行相关的培训和良好的安全文化素养的教育，使其了解待实施退役活动的规模、复杂程度和性质，并具有始终将辐射防护和安全放在头等重要的思想意识，以便有能力安全地完成指派给他们的工作。”

14. HAD601/02—2013《民用核安全设备安装许可证申请单位技术条件（试行）》

第 3.1 条规定，“申请单位从事民用核安全设备安装工作的人员均应经过相关的核安全法规和核质量保证体系的培训，努力培育核安全文化，……”

六、核安全文化宣贯推进专项行动

为学习贯彻理性、协调、并进的核安全观，强化核与辐射安全从业者法律意识，加强核安全文化建设，2014 年 8 月至 2015 年 8 月，国家核安全局在全国范围内组织开展了核安全文化宣贯推进专项行动，提出要做到两个“全覆盖”，即覆盖全体持证单位，覆盖所有骨干人员；落实两个“零容忍”，即对隐瞒虚报零容忍，对违规操作零容忍。宣贯行动高效地完成了既定目标，在全行业掀起了学习核安全文化、建设核安全文化和融入核安全文化的思想热潮，对整体提升全行业核安全文化水平具有重要的促进作用。宣贯行动还总结出了不少好的做法和理念，获取了许多宝贵经验。

2016 年 7—8 月，针对核安全文化建设存在不足的核安全设备单位，国家核安全局还开展了核安全文化宣贯推进“回头看”行动。重点关注各单位核安全文化持续建设情况，包括总体核安全文化状况，关键岗位和骨干人员核安全文化水平，核安全文化宣贯相关问题的整改落实情况，核安全文化建设长效机制建立情况等。

在我国，无论是企业还是监管部门，都紧紧追随国际先进经验和理论成果，不断研究、实践、发展和创新，在核安全文化培育方面做了许多工作，对提升核与辐射安全水平起到了极大的促进作用，未来也必将持续推动核安全文化的发展。

第二章　国际核安全文化现状

他山之石，可以攻玉。

——《诗经·小雅·鹤鸣》

如今，核安全文化已经提出并发展了 30 多年，IAEA、WANO 等国际组织和美国、比利时、芬兰等国家的核安全监管机构，在核安全文化培育和核安全文化评估方面都积累了丰富的经验。这些宝贵的经验，对于改进和完善我国的核安全文化具有重要借鉴意义。

一、国际组织

（一）IAEA

作为核安全领域的重要理念，“安全文化”是由 IAEA 在世界上首次提出的。随着时间的推移，IAEA 关于安全文化的理解不断地扩展，每一次新的观点都可以作为 IAEA 在安全文化方面所作努力的增补，而非替代。总体而言，IAEA 安全文化理念的发展过程主要有以下几个阶段：第一阶段与安全文化的定义有关；第二阶段与如何评估安全文化有关；第三阶段是如何提高安全文化；第四阶段是更深入地理解安全文化的实际理念；第五阶段是根据安全文化更加深入、精细的理解，改进安全文化的评估方法，并加强及早发现安全文化弱化趋势的能力，确保采取改进行动以避免安全文化弱化。

1. 第一阶段：定义安全文化

（1）第一次提出安全文化

“安全文化”一词首次出现在1986年IAEA出版的INSAG-1《切尔诺贝利事故后审议会议的总结报告》中，并在1988年IAEA出版的INSAG-3中作为基本的管理原则。INSAG-3是这样描述的，“安全文化指的是，从事任何与核电厂安全相关活动的所有人的献身精神和责任心”。自此之后，“安全文化”一词被越来越多地使用在与核电厂安全有关的文献中。

（2）明确安全文化的概念

INSAG-3出版以后，人们普遍希望进一步明确安全文化这一概念，并希望安全文化的作用能在具体的实例中得到证实。为此，IAEA于1991年出版了INSAG-4《安全文化》，阐述安全文化的概念，并给出了使用这一概念的方法，以促进各层级工作人员采取实际行动加强安全。

INSAG-4是这样定义安全文化的，“安全文化是存在于组织和员工中的种种特性和态度的总和，它建立一种超出一切之上的观念，即核电厂的安全问题由于它的重要性要得到应有的重视。”这一定义将安全文化与个人的态度、思维习惯以及组织作风联系在一起。与此同时，INSAG-4指出：虽然态度、思维习惯、工作作风通常是无形的，但是无形的特征会自然而然地导致有形表现，而这些表现可以成为衡量安全文化的指标。

随后，INSAG-4 提出：安全文化需要凭借警觉和充分的思考、丰富的知识、合理的判断以及高度责任感，来正确地履行所有安全重要职责。安全文化由两方面构成，第一是组织内部基本框架结构及其管理层级的职责，第二是各级员工的响应和态度。

最后，INSAG-4 试图赋予安全文化一些具有实用价值的内容。它按照“决策层”“管理层”“个人”3 个层次进行阐述，给出了安全文化的主要组成部分（见图 2.1），明确了在政府部门、营运单位、设计单位和研究单位等其他组织中，卓有成效的安全文化所具有的有形表征，即特征。为了鼓励组织和个人开展自我检查，INSAG-4 还在附录中列出了一系列问题，这些问题不是包罗万象的，也不是只选择“是或非”的检查清单，更不是硬性指令，而是可以进一步扩展的启发性问题。

2. 第二阶段：评估安全文化

INSAG-4 出版以后便引出了这样一个问题，是否能够对某一组织的安全文化进行评估？于是，1994 年 IAEA 出版了《ASCOT 指南》，描述了 IAEA 安全文

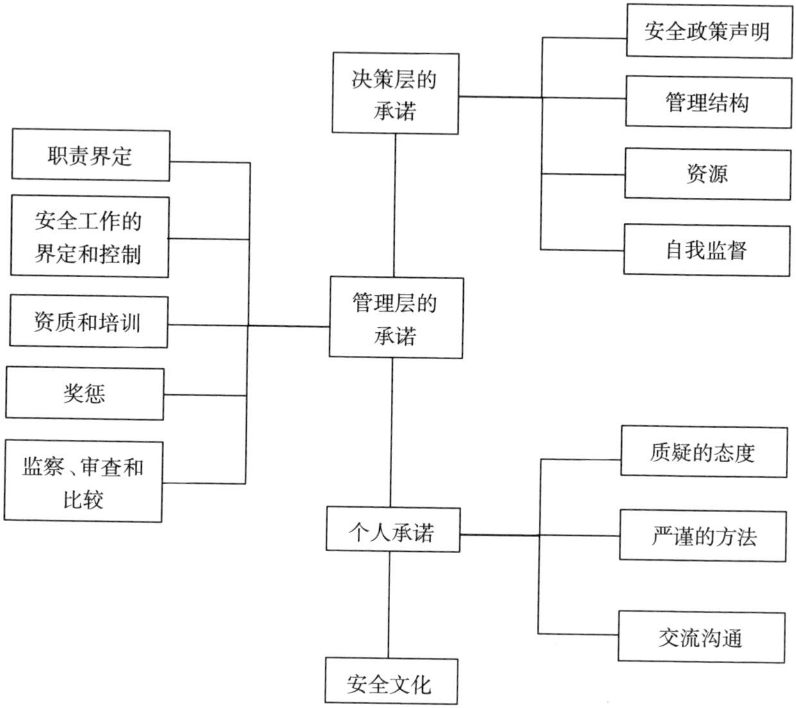

图 2.1 INSAG-4 中的安全文化主要组成部分

化评估组（Assessment of Safety Culture in Organizations Team，ASCOT）在开展安全文化审查和评估时所采用的方法。

ASCOT 的评估有 3 种服务类型：第一种类型是对成员国的单项服务，评估组由 3 位专家组成，评估一般持续一个星期。第二种类型是与其他 IAEA 服务同时进行，一名 ASCOT 代表将参加 IAEA 评估团，专门对安全文化进行审查，评估团的其他成员除了进行常规的审查之外，还要审查安全文化，最后 ASCOT 代表负责总结评估团所有成员关于安全文化的评价，并得出安全文化方面的结论。第三种类型是咨询服务，当某一成员国想要了解 ASCOT 方法以进行安全文化自评估时，ASCOT 将组织讲座、讨论和练习，介绍和传授 ASCOT 方法，并分享 ASCOT 在以往审查过程中获得的经验。

需要注意的是，单独的 ASCOT 审查并不是监督检查，而是一次经验的交流，同时也是在核领域传播良好实践和促进安全文化理念的机会。即便当 ASCOT 审查与其他类型的 IAEA 审查一起进行时，其主要目的仍然是对安全文化本身进行审查和评估。

ASCOT 对评估方法是这样考虑的：一项评估应包括现场观察、文件审查和交谈讨论 3 种形式。安全文化评估的目的，不是在核电厂之间进行比较，而是指出被评估者需要改进的方面，所以要避免任何形式的打分或数值形式的排名。ASCOT 还强调，IAEA 的其他审查服务已经包含了有关安全的更为明确的方面，例如规程和技术内容，而 ASCOT 评估侧重于个人和组织的态度，审查的是道德规范、动机和承诺等因素，这些因素在“直截了当”的检查中通常是不予考虑的。

《ASCOT 指南》中的安全文化指标和问题按照政府及其有关部门、营运单位、研究单位和设计单位的框架结构展开描述，以 INSAG-4 中的原则为标准，特别是将 INSAG-4 附录所列的问题作为“基本问题”，只对个别问题进行了微小的修改，然后将基本问题加以引申得出“引导问题”，以帮助 ASCOT 成员更好地理解基本问题。最后《ASCOT 指南》列出了“关键指标”，这些关键指标相当于良好实践举例，用于指导评估人员或其他审查者扼要地列出安全文化关键点。关键指标不是详尽的，评估人员可以增添，以制定出一套更加全面的文件来推进安全文化。1996 年，IAEA 修订了《ASCOT 指南》，此次修订是对原指南的完善，并没有对主要结构和内容进行大的改动。

3. 第三阶段：提高安全文化

（1）列举安全文化实例

为了进一步阐明 INSAG-4 中的安全文化概念和原则，IAEA 于 1997 年出版了《安全文化实践举例》。该文件所举实例是从世界范围的安全性能评估中收集而来的，例如 IAEA 的审查服务、国家性质的监督检查以及核电厂评估。其中，良好的例子证明了 INSAG-4 中的一些具体属性；而一些效果不佳的安全文化例子对核电厂的安全性能产生了负面影响，也从侧面证明了良好安全文化属性的重要性。尽管这些实践举例不像安全文化的特征和属性那样是普遍适用的，其适用性和价值取决于一个国家或组织的具体情况，但是它们仍然可以为那些有计划培育安全文化的组织和个人提供参考，同时也可为那些对核电厂安全负有责任的组织在安全文化实践方面提供比较的依据。

《安全文化实践举例》的主体内容是安全文化实例，其框架结构与 INSAG-4 所列术语的顺序基本一致。所有的实例是按照政府和监管部门、公司决策层、核电厂管理层以及个人这 4 个层级展开描述的。每个层级的安全文化属性完全引自 INSAG-4，并在实例叙述完毕之后作简短的解释说明，以强调该实例与 INSAG-4 属性之间的关系。除此之外，《安全文化实践举例》还总结了一些组织改进自身安全文化的经验和方法，并在附录中列出了 ASCOT 通过 25 个国家的 30 个研讨会得来的安全文化特征现状总结。

（2）培育安全文化

此时，INSAG-4 中的安全文化理念已广为人知，然而安全文化的特征及其实际应用还未得到充分总结和广泛传播。为此，IAEA 于 1998 年出版了《在核活动中培育安全文化》，作为 INSAG-4 的补充，描述了一些国家在建立和维持一个良好安全文化方面的成功做法。

《在核活动中培育安全文化》指出：尽管培育安全文化没有统一的准则，但是已经出现了一些共有的特征和例子。国际核工业界在培育安全文化方面的经验也可以扩展到其他核活动中，无论该活动的规模如何（例如使用放射源的单位）。该书的主要内容如下：

• 详细阐述 INSAG-4 提出的安全文化理念，讨论安全文化理念在应用过程中可能遇到的问题。

• 分析安全文化培育的 3 个阶段，并给出适用于每个阶段的具体做法。第一阶段是仅仅建立在法规基础上的安全，第二阶段是以良好的安全业绩作为组织的目标，第三阶段是安全性能得到持续的改进。

• 鉴于培育安全文化的方法与提高组织有效性的方法之间有很多共同之处，于是给出了一些提高组织有效性的一般做法，以此作为改进安全文化的手段。

• 描述了适用于核设施寿期内所有阶段的安全文化培育的具体做法。

• 在如何评价安全文化培育进展情况方面，以及如何评估组织内、外部主要因素对安全文化的影响方面，提出了建议。

• 提供了如何发现刚刚出现的安全文化弱项的方法。

4. 第四阶段：深入理解安全文化理念

2002 年 9 月，IAEA 出版了 INSAG-15《强化安全文化中的关键实践》，进一步阐述了安全文化的定义和原则，分析了承诺、规程使用、保守决策、质疑不安全的行为和状态、学习型组织等安全文化中的主要问题，并按照企业的董事会成员、总部的主要行政官员、分公司的高级管理层、中级管理层、一线主管和普通员工的顺序分别列出了问题举例，以帮助上述人员评价自己对安全文化的贡献程度。该文件主要面向企业的高级管理人员、一般管理人员和一线主管，重点关注核与辐射安全，同时也适用于其他领域的安全文化改进工作，例如工业安全、环境指标等。

2002 年 11 月，IAEA 出版了《核设施安全文化自评估》作为 IAEA 安全文化其他出版物的有益补充，对致力于改进安全文化的组织具有实用价值。该书的主要内容如下：

• 论述了访谈、调查问卷、观察、文件审查等安全文化评估方法的优点和缺点。

• 提供了国际上安全文化自评估的一些经验，这些经验表明，安全文化的特征已经得到了广泛的认同，但是安全文化的评估模型仍有不同形式。

• 阐述了持续改进的态度、有效的沟通渠道、管理层的承诺、有效的计划体系、充足的资源、员工的技术和能力等内容，其中持续改进的态度、管理层的承诺和充足的资源被认为是组织因素中相对最重要的3个因素。

• 描述了安全文化评估后续行动的内容，例如进行安全文化持续改进需要开展的工作、监管部门在促进安全文化发展方面的作用。

• 列出了审查、关键性能指标、同行评议和员工调查等评估方法，描述了每项具体改进行动所适用的方法。

• 从企业的角度分析了安全文化弱化的征兆，包括缺乏系统的方法、没有审查和更新规程、未对事件进行深入的分析、资源不匹配、违规行为的数量有上升趋势、积压的待改进行动不断增加、没有迅速处理员工提出的安全关注事项等。还从监管者的角度分析了安全文化弱化的征兆，例如质量保证部门的地位较低、不愿意交流合作、缺乏学习等。

• 分析了安全文化培育所面临的挑战，包括一些潜在威胁以及其他文化对安全文化产生的影响。

2002年12月，IAEA出版了《核设施的安全文化》，目的是在IAEA的安全文化服务中使用，特别是研讨会和培训班。该文件的主要内容包括：

• 什么是文化，特别是什么是安全文化。

• 培育安全文化的步骤以及如何使用员工调查问卷来评价安全文化的培育情况。

• 培育安全文化的通常做法以及检测安全文化培育过程的指标。

• 安全文化弱化的症状以及一些组织的经验教训。

• 如何改善现有的安全文化以及如何培育一个持续改进的学习型组织。

• 质量与安全之间的关系。

2002 年的 3 个出版物，关注的是核电厂或其他核设施负责“运行”的组织，这些组织除了运行以外，也特别关注维修，因为维修活动会对设备可靠性产生直接和间接的影响，维修延迟问题还会阻碍核电厂或其他核设施的运行，从而影响核安全。

“维修”在安全文化中所面临的挑战包括：维修任务、组织、人员、沟通、承包商、老化、经济效益、监管、所有权变更以及政治决策。另外，核电经济市场竞争得越激烈，维修费用有效利用最大化的压力就越大，这种压力连同维修人员教育水平低、经验少和资格不够等问题，将会对维修工作的安全文化产生更大的影响。于是 2005 年 11 月，IAEA 出版了《核电厂维修的安全文化》，目的是介绍维修领域安全文化的经验和良好实践。该文件从维修管理、人力资源管理、电厂状态评价以及商业环境4个方面讨论了维修所面临的挑战，分别描述了这4个方面的薄弱环节和良好实践，提出了自评估的方法和进一步提高维修领域安全文化的想法。

5. 第五阶段：优化安全文化评估

（1）修改评估文件

2008年7月，IAEA出版了《SCART指南》。SCART是安全文化评估组（Safety Culture Assessment Review Team）的缩写，它替代了先前的ASCOT。SCART审查服务的目的是对被审查的涉核组织提出安全文化方面意见和建议，并向其他涉核组织传播值得推荐的良好实践。《SCART指南》是IAEA安全文化评估的基础性文件，它明确了安全文化综合评估程序，为安全文化评估的准备、执行、报告和后续行动等工作提供全面指导。《SCART指南》主要针对营运组织的安全文化评估，但是其方法和程序同样适用于其他类型的组织，例如监管机构和设计单位。

《SCART指南》强调：SCART评估的是行为和态度，而非运行或者设计，也不对被评估核设施的员工下肯定或者否定的结论，更不能根据安全文化的评估结果对核设施进行排名。

《SCART 指南》直接使用了 IAEA 安全导则 GS-G-3.1《设施和活动管理体系的实施》中的安全文化特征和属性，并指出 IAEA 安全标准（安全基本原则、安全要求、安全导则）也是 SCART 审查的基础，特别是表 2.1 所列的安全标准。

表 2.1　作为 SCART 审查基础的 IAEA 安全标准

文件名称	中文名称	文件类型	文件编号
Fundamental Safety Principles	基本安全原则	安全原则	SF-1
The Management System for Facilities and Activities	设施和活动的管理体系	安全要求	GS-R-3
Safety of Nuclear Power Plants：Operation	核动力厂运行安全	安全要求	NS-R-2
Application of the Management System for Facilities and Activities	设施和活动管理体系的实施	安全导则	GS-G-3.1
The Operating Organization for Nuclear Power Plants	核动力厂营运组织	安全导则	NS-G-2.4

（2）安全文化与管理体系

IAEA 管理体系方面的安全要求和安全导则也是安全文化评估的基础性文件。下面简单阐述一下安全文化与管理体系之间的联系。

INSAG-4 最早提出：安全文化既与个人有关，又与组织内部的框架结构有关。1999 年，IAEA 出版 INSAG-13《核电厂运行安全管理》，目的是以INSAG-4 安全文化理念为基础，针对有效的安全管理体系制定一组通用的特性。INSAG-13 是这样考虑的：安全文化在组织结构方面包含了组织对于安全的部署和安排，这通常也被称为组织的安全管理体系，所以拥有良好安全文化的组织必定具有一个有效的安全管理体系。然而安全管理体系有更为广泛的作用，它建立了一个组织框架，这个框架通过对安全相关活动的计划、控制和监督来确保组织的良好安全性能。安全管理体系反过来也可为组织提供一种提升和维持良好安全文化的手段，尤其是它能够形成一个影响员工行为和态度的工作环境。

基于上述考虑，INSAG-13 将安全管理体系定义为："安全管理体系由组织在安全管理方面所做的那些部署和安排构成，目的是促进一个良好的安全文化并达到良好的安全性能。"INSAG-13 还指出，安全管理体系有两个总体目标：一是在正常、瞬态和紧急工况下，通过对安全相关活动进行计划、控制和监督，来提高组织的安全性能；二是通过加强个人以及团队的良好安全态度和安全行为，来培育安全文化，使组织能够安全地完成任务。

为了支撑管理体系的上述两个总体目标，IAEA于2006年发布了安全要求《设施和活动的管理体系》，并强调必须采用以下方式应用管理体系，以促进良好的安全文化：确保在组织范围内对重要的安全文化问题达成共识；为组织提供支持人员以及安全并卓有成效完成任务的手段，并考虑人员、技术和组织之间的相互配合；在各部门中增强学习的态度以及凡事都问为什么的态度；为组织提供不断寻求发展和改进安全文化的手段。

2006年，为了对《设施和活动的管理体系》的应用提供一般性的指导，IAEA发布了安全导则《设施和活动的管理体系的实施》，列出了安全文化的特征和属性。

2009年，IAEA发布了安全导则《核设施的管理体系》，进一步阐述了安全文化特征，给出了提高安全文化的方法以及安全文化弱化的警告信号，并在附件中明确了一个强有力的安全文化的特征、属性和例子。为核设施领域应用《设施和活动的管理体系》提供具体的指导，同时也作为《设施和活动的管理体系的实施》的补充。

2016年1月，IAEA将安全要求《设施和活动的管理体系》修订为《安全领导和管理》。其中，安全的领导强调的是对员工的行为建立期望并培育一个强有力的安全文化，安全的管理强调的是建立并实施能够培育一个强有力安全文化的管理体系。该导则还将“培育安全文化”作为一项具体要求：“组织的所有员工，从高级管理层到普通员工，都必须培育一个强有力的安全文化。安全管理体系以及对安全的领导也必须培育并维持一个强有力的安全文化。”

此处需要注意的是：安全文化评估的目的，不是审查和分析管理体系，所以安全文化评估不能替代对一个组织管理体系的综合审查。

6. 最新进展

（1）核电项目运行前各阶段的安全文化

以上大多数 IAEA 安全文化出版物，关注的是负责核电厂运行的组织。然而核安全起始于核电项目的创立阶段，并且核电项目前期阶段以及核电厂设计、建造和调试阶段也面临着许多挑战。

有一种观点认为，核电厂运行前各阶段的安全对于核电厂整体安全的影响是有限的。但是实践表明，在运行前，核电厂的主要精力都放在了技术、日程安排和预算上，投入在人和组织方面的精力会略显不足。并且，如果新的核电建设项目不恰当地使用了安全文化原则和做法，那么在后续的运行阶段，那些不正确的做法将会成为安全事件的促成因素。

鉴于此，IAEA 于 2012 年 9 月出版了《核电项目运行前阶段的安全文化》，以加强核电项目从开始阶段到装料阶段的安全文化。该文件分析了核电项目开始状态、监管机构、供应商、制造商和承包商所面临的重要挑战和处理方法，并阐述了核安全与安全文化、领导力、管理体系程序、学习和反馈、评估以及持续改进等方面的主要挑战和处理方法。

（2）安全文化监督

2013 年 3 月，IAEA 出版了《核设施安全文化监督》，为核安全监管机构制定并实施安全文化监督策略和程序提供了指导。该文件的主要内容是：第一部分介绍目标和适用范围；第二部分描述了安全文化的原则以及安全文化监督的特点；第三部分阐述了一些监管机构开展安全文化监督的方法；第四部分详细说明了适用于任何监管机构的安全文化监督具体执行程序；附件 1 详细描述了安全文化概念的主要特点；附件 2 给出了数据收集的具体实例。

《核设施安全文化监督》还有 5 个附加文件，描述了在进行安全文化监督时所采用的工具，它们是：美国核安全监管当局制定的安全文化政策声明；IAEA 在“监管者与许可证持有者之间促进积极对话”技术会议上确定的调查问卷结果汇总；保加利亚核安全监管当局使用的安全文化监督程序；罗马尼亚核安全监管当局执行的安全文化监督培训大纲；美国核安全监管当局总结的几种安全文化数据收集方法优点与缺点。

（3）运行安全评价与安全文化评估相结合

2016 年 3 月，IAEA 发布了《OSART 独立的安全文化评估指南》，将独立的安全文化评估作为 IAEA 运行安全审查组（Operational Safety Review Team，OSART）审查程序中新增的一个模块。其中“独立评估”是相对于安全文化“自评估”和安全文化“同行评估”而言的。运行安全评价与安全文化评估的结合，将有助于组织更好地理解技术、人、组织和文化之间的相互关系。OSART 程序一直为 IAEA 成员国提高核电厂调试和运行安全提供建议和帮助，此次通过新增独立的安全文化评估模块，可以使接受 OSART 服务的组织同时从技术安全审查和安全文化审查中获得更多收益。

《OSART 独立的安全文化评估指南》介绍了安全文化评估的目的和方法，阐述了安全文化评估的程序，例如计划、调查、文件分析、访谈、小组讨论、观察等，描述了对安全文化评估结果进行分析的方法，指出了如何使安全文化评估价值最大化以及如何正式地宣布评估结果，并在附件中列出了对收集到的数据进行编号和标记的方法，以及安全文化访谈问题举例等内容。该文件既可以用于单独的安全文化评估，也可以与其他审查和评价程序结合使用。

（4）安全文化自评估

IAEA 安全标准 GS-R-3 规定："组织各层级的管理者必须开展自我评价，以评估工作绩效和安全文化。"鉴于此，2016 年 6 月，IAEA 发布了《开展安全文化自评估》。该文件与 IAEA 其他安全文化文件的主要不同之处在于，它的目的是促进安全文化在组织内部的理解和反思，而不仅仅依靠国际惯例与自身安全文化特征的比较来进行外部评估。

有时候，专注于技术的组织很难理解自身的安全文化是如何有助于或者有害于其安全性能的，一个有效的安全文化评估需要掌握社会学、心理学和组织行为学的科学性。该报告为如何深刻理解安全文化是提高安全性能的一个要素提供了指导，探讨了安全文化自评估的目的和特有作用，描述了开展安全文化自评估的一般步骤，阐述了文件审查、调查问卷、访谈、观察和小组讨论等具体的评估方法，并描述了传达评估结果和将评估结果转变为行动的方法。该报告还在附件中对文件审查、调查问卷、访谈、观察和小组讨论等评估方法的实际运用提供了额外的指导，并给出了安全文化自评估的理论补充。

综上所述，IAEA 从 1986 年至今形成了众多安全文化成果，见图 2.2。这些成果按照文件类型可分为以下几个系列：INSAG 系列（INSAG Series）、IAEA 安全标准（IAEA Safety Standards）、IAEA 技术文件（IAEA TECDOC）、安全报告系列（Safety Reports Series）和 IAEA 服务系列（IAEA Services Series），见表 2.2。IAEA 不仅是安全文化的第一提出者，而且形成了独立的安全文化理论和评估方法，对多国的核设施进行了安全文化评估，并对不同国家和机构的人员开展安全文化培训，为在全球范围内整体推动安全文化做出了重要贡献。

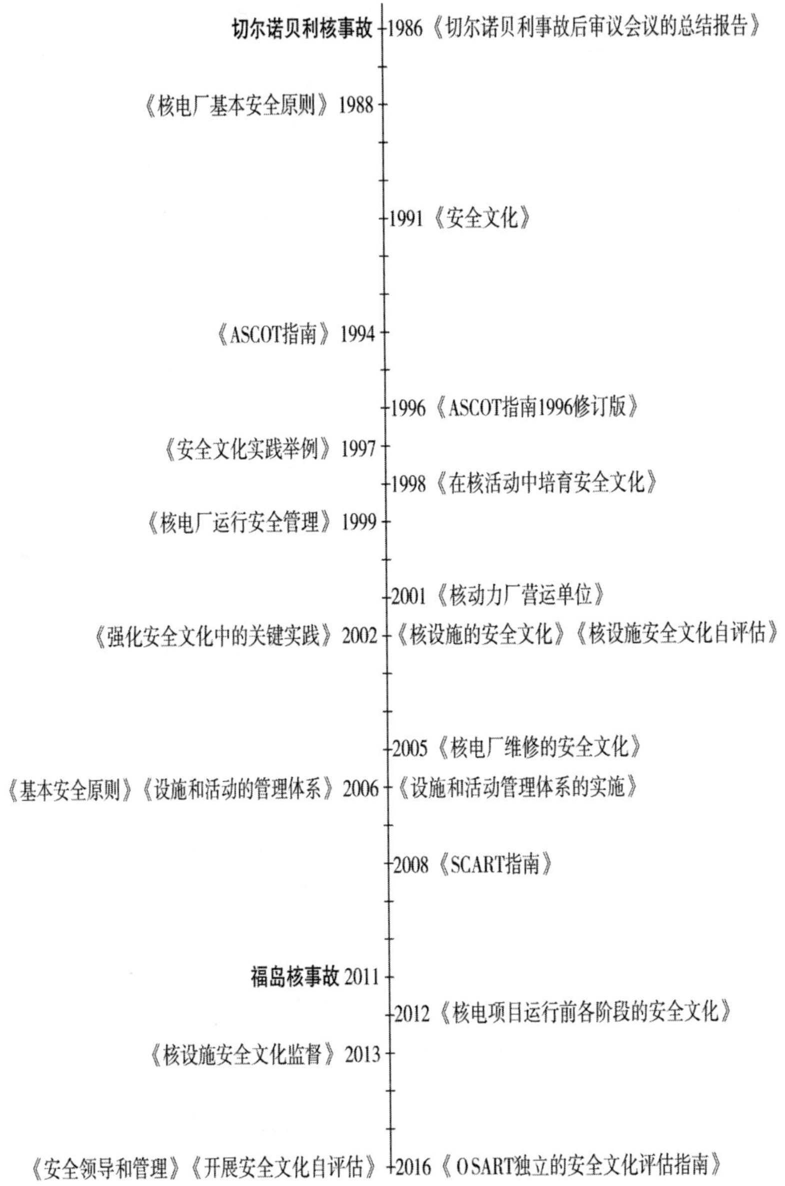

图 2.2　IAEA 安全文化成果（1986 年～2016 年）

表 2.2 IAEA 安全文化相关文件梳理

文件类型	文件编号	文件名称
INSAG 系列	INSAG-1	切尔诺贝利事故后审议会议的总结报告
	INSAG-3	核电厂基本安全原则
	INSAG-4	安全文化
	INSAG-12	核电厂基本安全原则
	INSAG-13	核电厂运行安全管理
	INSAG-15	强化安全文化中的关键实践
IAEA 安全标准	SF-1	基本安全原则
	NS-G-2.4	核动力厂营运单位
	GS-R-3	设施和活动的管理体系
	GS-G-3.1	设施和活动管理体系的实施
	GSR Part 2	安全领导和管理
IAEA 技术文件	IAEA-TECDOC-743	ASCOT 指南
	IAEA-TECDOC-860	ASCOT 指南 1996 修订版
	IAEA-TECDOC-1321	核设施安全文化自评估
	IAEA-TECDOC-1329	核设施的安全文化
	IAEA-TECDOC-1707	核设施安全文化监督

续表

文件类型	文件编号	文件名称
安全报告系列	Safety Reports Series No. 1	安全文化实践举例
	Safety Reports Series No. 11	在核活动中培育安全文化
	Safety Reports Series No. 42	核电厂维修的安全文化
	Safety Reports Series No. 74	核电项目运行前各阶段的安全文化
	Safety Reports Series No. 83	开展安全文化自评估
IAEA 服务系列	IAEA Services Series No. 16	SCART 指南
	IAEA Services Series No. 32	OSART 独立的安全文化评估指南

(二) WANO

切尔诺贝利核事故动摇了公众对核电的信任感，整个核电界一致认为核事故的影响是没有国界的，无论是哪家核电厂，都有共同的责任不断地改善核电厂的安全可靠性。在此背景下，WANO 于 1989 年成立，属于世界性的非官方组织，目标是通过相互协助、信息交流和良好实践推广等活动来评估、比较和改进电厂的业绩，并最终提高全球核电厂的安全性和可靠性。

WANO 在核安全文化方面发布了几项重要文件。2006 年，WANO 发布《健全的核安全文化原则》，描述了核安全文化的特征和属性。2013 年，WANO 将《健全的核安全文化原则》修改为《健康的核安全文化特征》，通过思维、感觉和行为 3 种表达方式来描述核安全文化的 10 个特征和 40 个属性，并将它们分为 3 类，即个人对安全的承诺、管理层对安全的承诺和管理体系。

2014 年，WANO 发布了《健康的核安全文化特征对照表》，对《健康的核安全文化特征》《健全的核安全文化原则》与 IAEA 安全文化特征和属性进行对照比较，帮助核行业工作人员了解核安全文化用语的发展和变化。

WANO 对成员单位核电厂的核安全和可靠性开展同行评估，福岛核事故之后，WANO 将同行评估的频率定为 4 年 1 次，并每两年开展一次跟踪评估，自 1992 年以来，WANO 已经对 31 个国家或地区的运行核电厂开展了约 500 次同行评估。对于核安全文化，WANO 开展了集团公司核安全文化的同行评估，对成员单位总部的决策影响企业核安全的情况开展评估，

WANO 建议所有成员单位在 2018 年之前都开展这种集团公司间的同行评估。

二、国家

（一）美国

1. NRC

NRC 认为，所有从事核活动的组织以及对核活动进行监督的组织，建立并维持一个与其活动的安全重要性和组织性质相匹配的安全文化，是非常重要的。所以，NRC 在安全文化政策、安全文化监督、安全文化宣传教育等方面开展了一系列的工作。

（1）安全文化政策声明

NRC 很早就意识到安全文化的重要性，在安全文化政策方面树立了几个关键性的里程碑：1989 年，NRC 应对桃花谷（Peach Bottom）核电厂发生的事件，发布了《管理核电厂运行的政策声明》。1996 年，米尔斯通（Millstone）核电厂发生了员工因告发实情而遭到报复的事件，为此 NRC 发布了政策声明《核行业员工自由提出安全关注事项并且不用担心遭到报复》。

2002年至2006年，根据戴维斯-贝斯（Davis-Besse）核电厂反应堆压力容器顶盖降级的经验教训，NRC修改了《反应堆监督程序》，以加强NRC在进行监督检查和性能评价时发现安全文化潜在弱项的能力。随后，为了告知反应堆许可证持有者NRC监督程序已进行了修改，发布了《关于修改反应堆监督程序以强调安全文化的通知》。2008年，NRC开始努力扩展安全文化政策，将核安保纳入了安全文化的范畴，并确保安全文化政策适用于所有许可证持有者。2008年至2011年，NRC致力于与各方相关人员共同努力，制定安全文化定义和安全文化特征，并于2011年3月7日批准发布《安全文化政策声明》。

美国的《安全文化政策声明》阐明了NRC对个人和组织培育安全文化的期望，明确了核安全文化的定义，即“由领导层和个人共同承诺的核心价值观和行为准则，为保护人和环境，它强调安全超越其他与之相比的目标。”该政策声明还提出了能够进一步阐述安全文化的9个特征，它们是：领导层的安全价值观和行为、问题的识别和解决、个人责任、工作程序、持续学习、提出关注事项的氛围、有效的沟通、互相尊重的工作环境和质疑的态度。NRC指出，这9个特征描述了注重安全的思维方式、感觉和行为，但这些特征并不是包罗万象的，一些组织可能会发现与其活动非常相关的一个或多个特征，也可能存在对核安全文化非常重要但尚未写入政策声明的特征。NRC 还强调，安全文化政策声明不是法规，不能把安全文化方面的要求强加于被监管者。更准确地说，安全文化政策声明是倡导性的，可作为法规和导则的补充。

《安全文化政策声明》发布以后，NRC 继续与有关各方就声明的内容进行沟通，以确保各方人员能够有效地使用它。NRC 开展的具体工作包括：

• 面向被监管者开展《安全文化政策声明》的推广活动，提供培训资源，提高被监管者对安全文化定义和安全文化特征的理解。

• 调查安全文化推广活动是否对许可证持有者有所帮助，并考虑恰当的后续行动。

• 在各种会议、研讨班和论坛中介绍《安全文化政策声明》。

• 参加国际上有关安全文化的工作，并到其他国家就《安全文化政策声明》开展培训。

• 指导 NRC 员工，在执行《安全文化政策声明》的相关活动前报送执行计划，内容包括短期目标、长期目标等。

（2）安全文化与核反应堆

自1989年开始，NRC发布了两个有关核电厂安全文化的政策声明：《管理核电厂运行的政策声明》和《核行业员工自由提出安全关注事项并且不用担心遭到报复》。前者描述了NRC对核电厂主控室活动管理的期望；后者表达了NRC对核电厂维持一个注重安全的工作氛围的期望，员工在该氛围中可以自由提出安全关注事项并且不用担心遭到报复。自2006年起，NRC的《反应堆监督程序》就已经包含了检查和评估许可证持有者安全文化的指南和规程。2008年，根据在帕洛弗得核电厂（Palo Verde Nuclear Generating Station）追加检查中得到的经验教训，NRC对《反应堆监督程序》中的核安全文化监督指南进行了一些改动。此后，NRC根据汲取的经验教训和有关反馈信息，不断地改进该指南文件。

• 安全文化共同用语

在2011年《安全文化政策声明》发布之前，美国核电行业就开始与NRC商谈共同制定一套术语来描述安全文化。这个由核电行业提出的制定共同用语的行动，其目标是使NRC《反应堆监督程序》使用的术语与核电行业相关程序所使用的术语保持一致。

在《安全文化政策声明》的制定过程中，NRC对核安全文化有了更加深刻的理解。于是从2011年12月开始，一个由 NRC 核反应堆监管司组织，INPO、美国核能研究所（NEI）和公众代表参加的专门小组，将美国《安全文化政策声明》中的 9 个核安全文化特征作为基本议题，并将“决策的制定”作为同等重要的一个特征，共同进行研究。2012 年 4 月，专门小组制定出“9+1”个特征的子范畴，即核安全文化的 40 个属性。专门小组后续又将每一个属性扩展为具体的实例，这些实例能够更加充分地描述组织和个人的价值观和行为。2013 年 1 月，各方最终形成了一致同意的安全文化特征、属性和例子，即安全文化共同用语。这些共同用语参考并借鉴了 NRC《安全文化政策声明》的安全文化特征、INPO 的安全文化原则和属性、NRC 反应堆监督程序中有关安全文化的内容以及 IAEA 安全文化特征。

为了先在核电行业中使用并熟悉这些安全文化共同用语，INPO 先发布了《健康的核安全文化特征》，随后 NRC 也于 2014 年 3 月发布了 NUREG-2165《安全文化共同用语》。《健康的核安全文化特征》与《安全文化共同用语》的文件名称虽然不一样，但是两者的内容是基本相同的。这也意味着，美国核电行业与核安全监管机构之间可以使用相同的用语在核安全文化领域进行交流和沟通。

• 独立的安全文化评估

《安全文化共同用语》发布之后一个月，NRC 随即发布了《NRC 独立开展安全文化评估的指南》。该指南以《安全文化共同用语》为基础，阐述了 NRC 如何准备和开展独立的安全文化评估，给出了安全文化的检查要求、问题实例、小组讨论和个人访谈指南、行为观察指南、事件后续研究指南以及安全文化调查问卷评估指南，使 NRC 监督检查人员能够识别出体现了安全文化的态度和行为。

• 安全文化与监督检查

为了在《反应堆监督程序》中更加强调安全文化，NRC 于 2010 年发布了检查手册第 0310 章《交叉领域》，明确了安全文化与监督检查的交叉领域是横跨《反应堆监督程序》所有安全基石的基本性能特征，这些领域包括人员绩效、问题的识别和解决、注重安全的工作氛围，见图 2.3。

2014 年，NRC 修订了《交叉领域》，给出了交叉领域与《安全文化共同用语》中安全文化属性的对照表。

• 安全文化与新建反应堆

NRC 在新建反应堆安全文化方面的做法与《反应堆监督程序》是一致的，它为 NRC 与许可证持有者沟

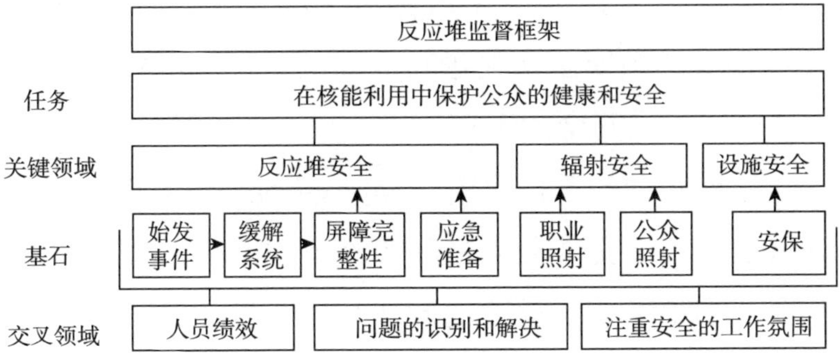

图 2.3　反应堆监督框架

通核电厂建设场所安全文化中存在的问题提供了方法和手段。NRC 的文件《对 10CFR52 建设检查的记录》和《对建设检查项目结果的定期评价》为核电厂建设场所的安全文化评估提供了指导。其中后者还包含了当核电厂建设场所安全业绩下降时进行追加检查的规程，这不仅为 NRC 监督员根据安全业绩下降的严重性评估建设场所的安全文化提供了方法，还为 NRC 监督员与核电厂建设利益相关者在安全文化领域进行沟通提供了手段。

(3) 其他领域的安全文化

NRC 每年举办了核燃料循环信息交流会，讨论对核燃料循环设施的监管活动，其中包括了核安全文化。

另外，为了反复重申核安全文化的益处和重要性，在每次的乏燃料贮存和乏燃料运输的公开会议上，都会分发美国《安全文化政策声明》介绍手册，并就NRC倡导的核安全文化进行简短的讨论。

（4）注重安全的工作氛围

注重安全的工作氛围（Safety Conscious Work Environment）与安全文化之间曾经有一些混淆。在1989年的《管理核电厂运行的政策声明》中，安全文化被描述为“对安全事宜的必要且充分的关注”。那时，一个强有力的安全文化也常常被描述为“以安全为第一关注点”，并且“注重安全的工作氛围”与“安全文化”这两个术语常常被互换使用。但是实际上，这是两个既有区别又有联系的概念，下面简要介绍一下注重安全的工作氛围在NRC的形成和发展过程。

NRC于1996年发布的政策声明《核行业员工自由提出安全关注事项并且不用担心遭到报复》阐述了一个注重安全的工作氛围，在这个氛围中鼓励员工提出安全关注事项，核电厂及时审查这些安全关注事项，优先考虑那些具有潜在安全重要性的事项，恰当地处理并且向提出安全关注事项的员工以及其他相关员工进行及时的反馈。

2004年，NRC发布《注重安全的工作氛围和安全文化指南中推荐的员工行为》，首次将“注重安全的工作氛围”作为安全文化的一个属性。

2005年，NRC发布《建立和维持注重安全工作氛围的指南》，描述了一些有助于许可证持有者建立并维持注重安全工作氛围的实例。NRC同时认识到，这些实例不是对所有许可证持有者和承包商都具有实用性，它取决于组织规模、现有工作氛围和活动的危害性等因素。所以，该文件只是指南而不是法规要求，它在以下方面为核行业提供了指导：鼓励员工提出安全关注事项；注重安全工作氛围的培训内容；注重安全工作氛围的评估工具，包括性能指标、行为观察和调查；承包商对注重安全工作氛围的认识；有助于发现和避免歧视的程序。

2011年，NRC在《安全文化政策声明》中将“注重安全的工作氛围”作为核安全文化的一个特征。

（5）安全文化培训和宣传

NRC编制《安全文化案例研究》，给出了一些真实的事件，回顾事件发生的现场情况和调查结果，并查找安全文化在这些事件中所扮演的角色（促成事件的发生或者减小事件的后果）。NRC将这些案例作为学习的工具，并提出所有营运者和监管者都不能有自满情绪，应该以开放的态度从他人的错误中汲取经验教训，防止相似事件的重发。除此之外，NRC还特意制定了《安全文化案例研究使用指南》，帮助个人和组织更加有效地利用这些真实的案例，更好地解释安全文化为什么是至关重要的。截至2012年，NRC发布了4期《安全文化案例研究》。

在阅读《安全文化案例研究》并了解安全文化弱化是怎样引起了一起事故之后，如何评估安全文化、需要采取怎样的改进行动以及如何改善安全文化，成为很多组织亟待了解的问题。于是NRC编制了《安全文化历程》，回应上述问题。《安全文化历程》是培训工具，它反映了一个组织培育安全文化的整个历程。截至2014年，NRC发布了1期《安全文化历程》。

NRC在2014年4月至2015年2月期间，先后发布了9期《特征谈》，帮助许可证持有者、供货商和承包商、对核安全与核安保感兴趣的组织以及涉及核安全监管的组织和个人，更好地理解《安全文化政策声明》的9个特征。一期《特征谈》对应一个特征，内容包括：特征定义；为什么该特征对于核安全文化是重要的；该特征的行为和态度举例；以及用一个虚构场景来解释该特征是如何影响安全文化的。

NRC员工在国内和国际的各种会议上就安全文化作报告，作为《安全文化政策声明》不间断宣传和教育活动的一种方式。经统计，从2010年到2016年，NRC员工所作的有关《安全文化政策声明》的演讲共

227 次。而且 NRC 还聘请专业咨询组织对上述宣传活动的有效性进行考察和评价。

（6）NRC 内部的安全文化

NRC 每三年对自身的安全文化开展一次调查。一是识别自身安全文化的长处和待改进项；二是了解 NRC 员工敬业的关键驱动因素，以提高员工的敬业度；三是将当年的 NRC 安全文化调查结果与往年的调查结果进行比较；四是将调查结果与其他类似的组织或者高绩效的公司进行对标。NRC 根据自身安全文化的调查结果，制定并实施行动计划，推动 NRC 向更好的方向发展。

2. INPO

INPO 是美国核电业主在 1979 年发起成立的非官方组织，通过为其会员提供核电厂评估、培训和认证、事件分析和信息共享、技术支持等 4 个方面的服务，积极促进会员之间的信息交流和经验共享，最大限度地提升各会员核电厂运行的安全性和可靠性。

2004 年，为了应对发生在戴维斯-贝斯核电厂的核安全事件，INPO 发布了《健全的核安全文化原则》，描述了核安全文化的八大原则。2009 年，美国核电行业与 INPO 和 NEI 合作，将 INPO 的八大原则作为基本框架，开展了积极改善核安全文化的行动。

INPO 作为主要成员，参与了 NRC 主持的安全文化共同用语的研究和制定工作，并以共同用语的研究成果为基础，于 2012 年发布了《健康的核安全文化特征》，描述了核安全文化的特征、属性和良好行为，目的是先在核行业中建立并使用共同的安全文化用语。

2013 年 4 月，INPO 发布了《健康的核安全文化特征》附件 I——《支撑健康核安全文化的行为举止（组织的角度）》。该文件描述了有利于健康核安全文化的行为举止，并将这些行为举止按照高级管理层、管理层、项目主管层和工作者个体 4 个层级进行分类，试图通过不同层级的不同视角，对《健康的核安全文化特征》的内容进行扩展。纵向看，该文件的行为举例以《健康的核安全文化特征》中的行为举例为基础，适当地进行了剪裁和修改，使其与上述 4 个组织层级紧密结合；横向看，该文件从传播核安全文化的重要性、表现核安全文化的行为、在核安全文化领域质疑他人和激励他人应用核安全文化行为这 4 个方面展开了具体的描述。

（二）比利时

比利时是世界上除美国之外第一个拥有压水堆的国家，目前共有运行核电机组 7 台，蒂昂日（Tihange）

核电厂 3 台，杜尔（Doel）核电厂 4 台。比利时的核安全监管机构——联邦核管局（FANC）根据国家法律《1994 年 4 月 15 日法律》（Law of 15 April 1994）组建，于 2001 年正式成立运行，现有 150 人左右。为更好地履行核与辐射安全监管职能，FANC 根据相关法律于 2007 年 9 月成立了贝尔威（Bel V）公司，并授权其履行监督检查、安全审评等职能，使其成为 FANC 最为重要的核技术支持机构。目前，Bel V 负责对 FANC 监管的核设施开展核安全文化相关的监管活动。

1. Bel V 开展的核安全文化监管活动

2010 年，Bel V 开始对核设施进行核安全文化监督管理，由监督员（包括 Bel V 和 FANC 的所有监督员）在监督检查过程中观察核安全文化现象，主要是人的行为和态度，填写核安全文化观察单，并对发现的现象进行核安全文化分析，这一过程被称为核安全文化观察。

2012 年，Bel V 对核安全文化观察进行了修订，将这一活动正式纳入核设施的监督检查程序，并编制了核安全文化观察的指导文件《安全文化观察指南》，规范核安全文化观察过程。同时设置了核安全文化协调员的岗位，负责推动和管理 FANC 和 Bel V 监管的所有核设施的核安全文化观察活动，包括核安全文化观察单的分析和报告撰写，培训和指导监督员进行核安全文化观察，以及持续改进核安全文化评估方法等。核安全文化报告分为季度报告、年度报告和趋势报告（综合分析若干年的变化），其中季度报告旨在识别安全文化问题的早期迹象，在 FANC-Bel V 的月会上汇报；年度报告旨在识别安全文化的固有迹象，其作为年度安全报告的一个章节与持证单位进行讨论，同时将其结果列入下一年度监督检查计划；趋势报告旨在识别深层核安全文化问题，若干年进行一次，并与持证单位进行讨论。

2014 年，Bel V 开始尝试将核安全文化观察延伸至审评环节，要求审评人员在审查文件和召开审评会议的时候观察核安全文化现象，并填写核安全文化观察单。

目前，Bel V 正在研究如何在 Bel V 内部开展核安全文化的培育和评估活动。

2. Bel V 采用的核安全文化特征模型

Bel V 采用的核安全文化特征模型主要建立在 IAEA 安全标准《设施和活动的管理体系》和《设施和活动的管理体系的实施》提出的安全文化特征模型的基础上，根据比利时自身特点，进行了适当修改，最终形成了 5 个特征、23 条属性（见表 2.3），IAEA

提出的属性有 37 条，Bel V 对其进行了删减和整合。在核安全文化观察指导文件中，每条属性之下还有与其对应的引导性问题，用以帮助观察员正确理解核安全文化，引导其发现核安全文化问题或良好表现。

表 2.3　Bel V 核安全文化的 5 个特征及其属性

特征	属性
A. 安全是一种明确公认的价值	A1. 在沟通和决策过程中给予安全最高的优先权，并在文件中体现
	A2. 决策过程中充分体现对安全事务的主动、长效管理
	A3. 安全警觉行为得到广泛接受和支持
	A4. 在资源分配过程中，安全是首要的考虑因素
B. 对安全的领导是明确的	B1. 各级管理层包括法人对安全的承诺是清晰的
	B2. 领导经常下现场，体现管理层对安全相关活动的参与
	B3. 管理层寻求员工对安全改进的主动参与
	B4. 管理层和员工之间的关系建立在相互信任的基础上

续表

特征	属性
C. 安全责任是明确的	C1. 安全相关的角色、职责和责任有明确规定，并被清晰理解
	C2. 高度遵守法规和程序
	C3. 所有员工都明白安全人人有责，并体现在工作环境和电厂状态中
	C4. 与监管机构的恰当关系可以确保持证单位保持安全责任
D. 安全落实到所有活动中	D1. 清晰地考虑所有类型的安全，包括核安全、辐射安全、工业安全、环境安全和人身安全等
	D2. 从实施到检查的全过程确保维持充分的安全水平
	D3. 存在安全的工作环境，考虑了时间压力、工作负荷和劳动强度
	D4. 团队合作能确保维持充分的安全水平
	D5. 影响人为表现的因素得到考虑
E. 安全是学习驱动力	E1. 质疑的态度普遍存在于组织的各个层级
	E2. 建立并支持对偏差和错误的公开报告机制
	E3. 运行经验（包括设施内部的和外部的），助力持续改进
	E4. 内部评价和外部评价，包括自我评价，助力持续改进
	E5. 对安全绩效指标进行跟踪、趋势分析、评估，并做出响应
	E6. 个人能力包括领导力得到系统化发展

3. 比利时核安全文化监管活动的特点

一是通过日常的监督活动和审评活动来收集核安全文化数据，而不是开展专项的核安全文化评估活动。这种方式对核安全文化的监督有连续性，且更容易观察到人的真实行为和态度，而不仅仅是访谈答案。

二是在 IAEA 提出的核安全文化特征模型的基础上，结合比利时自身实际情况形成了自己的核安全文化特征模型，并且开发了四维模型，在分析环节将核安全文化现象在管理体系、领导力、学习和人因 4 个维度进行分析，从而实现核安全特征语言向管理语言的转化。

三是核安全文化报告中并不对核设施的核安全文化整体水平进行评价，也没有强制要求的改进行动，仅站在监管角度提出发现的问题和看法，供持证单位参考。但在下一年的监督检查大纲中，会对核安全文化存在问题的地方增加关注。

(三) 芬兰

芬兰对于核安全文化的监管要求在国家法规《政府指令 717/2014，28 §》和核安全导则 A.3《核设施管理体系》、A.4《核设施组织和人员》、A.5《核电厂建造》中有明确的规定。芬兰核安全监管当局 STUK 使用“KOTKA”工具进行核安全文化观察，由监督员在实施监督检查计划时收集人员规划、过程、沟通、不符合处理等 4 个方面的核安全文化问题，并根据不同的检查项列表显示核安全文化评估结果。评估结果有 3 种，即红色、黄色和绿色。红色代表不符合要求，黄色代表有改进空间，绿色代表没有发现异常。当评估结果反映的问题比较严重时，STUK 将组织独立于监督员和被评估方的队伍开展调查活动。

此外，STUK 委托其技术支持机构——VTT 开发了一套新的核安全文化评价工具，即 DISC 模型。根据 DISC 模型，一个组织需要满足以下 6 个标准才有可能拥有高水平的安全文化：

- 安全已成为组织日常活动和决策中所体现出的价值观；
- 安全被理解为一个复杂的系统的现象；
- 危害和核心任务要求在组织中被广泛理解；
- 组织在实践中慎重考虑安全要素；
- 安全的责任在整个体系中都是明确的；
- 组织中的活动都处于可控状态。

与这些标准相对应的是 11 个功能（见图 2.4），它们是：安全的领导力、战略管理、风险控制、应急准备、主动安全策略、流程管理、工作环境管理、能力管理、第三方管理、变更管理和监督活动。

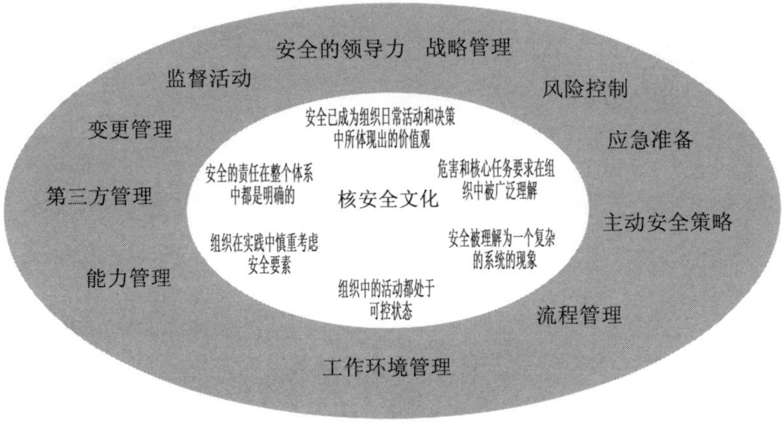

图 2.4　芬兰核安全文化的标准和功能

第三章　国内核安全文化现状

知人者智，自知者明。

——《老子》

我国核行业始终坚持“安全第一”的方针。20 世纪 90 年代，核行业在充分借鉴国际核安全文化理论和实践成果的基础上，结合我国实际，开始核安全文化的建设。其中，中国核工业集团公司形成了“我、疑、畅、领、信、安、核、寻、学、和”的核安全文化建设和评估体系；中国广核集团有限公司引入 INPO 健康核安全文化的理念；国家电力投资集团公司形成了“三‘和’文化”建设思路。核行业安全文化的建设，提升了核从业人员的核安全文化素养，提高了我国的核安全水平，也积累了丰富经验。

一、中国核工业集团公司

20 世纪 90 年代，中国核工业集团公司（以下简称中核集团）开始按照 IAEA 推荐的方法进行自身的核安全文化建设。以秦山核电有限公司为例，核安全文化建设的实践主要有：在公司内部建立了完整的安全监督体系，明确安全职能；建立完整的规章制度、确定安全目标、落实安全责任制；落实“安全第一”的根本方针；建立完整、公开透明的报告体系和事件根本原因分析体系；通过全员培训传达核安全高标准的期望；建立完整的质量保证和自我评审体系；推行系统化培训方法，有序开展人因管理；纵深防御，进行风险管控；广泛宣传，加强与公众的信息交流。

2009年中核集团开始尝试引进美国电站联盟（USA）的评估体系和方法，开展了一系列理论研究、培训活动和试评估实践。同年，中核集团成立了“共性项目管理委员会”，建立了核安全文化工作组，在参照WANO 2006版核安全文化八大原则的基础上，2010年发布了《卓越核安全文化的八大原则》（以下简称《中核八大原则》），作为中核集团核安全文化的建设理念，形成了中核集团的核安全文化评估体系，并开发了自己的核安全文化评估管理系统，基本实现了核安全文化的可评、可测和可知。卓越核安全文化的八大原则，即：核安全人人有责、领导做安全的表率、建立组织内部的高度信任、决策体现安全第一、认识核技术的特殊性和独特性、培育质疑的态度、倡导学习型组织、评估和监督活动常态化。中核集团还创造性地将八大原则分别与8个汉字相对应，即“我、领、信、安、核、疑、学、常”。

中核集团的评估流程与IAEA推荐的标准流程相一致，评估方式主要以访谈为主，也包括会议观察和文件审查。在评估活动开始之前，中核集团先进行核安全文化问卷调查活动，其问卷内容和数据系统是在美国电站联盟核安全文化评估体系（NSCA）的基础上形成的。2011 年 8 月 29 日至 9 月 2 日，中核集团组织完成了对我国大陆首座核电厂——秦山核电厂的核安全文化评估，这是我国首次进行核安全文化评估，历时 4 天，共 63 场访谈、2 次会议观察。此前的 8 月 25 日至 27 日，中核集团举行了 WANO 核安全文化评估培训班，来自 INPO 和 WANO 东京中心的专家对参加秦山核电厂核安全文化评估的全体队员进行了培训。2012 年 7 月 21 日至 27 日，中核集团对田湾核电厂运行机组和扩建工程的核安全文化进行了评估。2014 年 9 月 21 日至 26 日中国核电对三门核电厂进行了核安全文化评估。

2015 年 7 月，中核集团在推行了《中核八大原则》基础上，结合国家核安全局、国家能源局和国防科工局于 2014 年 12 月联合发布的《核安全文化政策声明》以及 WANO 2013 年发布的《健康的核安全文化特征》，发布了《中国核电卓越核安全文化的十大原则》（以下简称《中核十大原则》）。《中核十大原则》和此前《中核八大原则》的对比如表 3.1，《中核十大原则》与 WANO 2013 版《健康的核安全文化特征》的对比如表 3.2。

表 3.1 《中核十大原则》和《中核八大原则》的对比表

序号	十大原则	八大原则
1	核安全人人有责	核安全人人有责
2	领导做安全的表率	领导做安全的表率
3	建立组织内部的高度信任	建立组织内部的高度信任
4	决策体现安全第一	决策体现安全第一
5	认识核技术的特殊性	认识核技术的特殊性和独特性
6	培育质疑的态度	培育质疑的态度
7	倡导学习型组织	倡导学习型组织
8	识别并解决问题	评估和监督活动常态化
9	沟通关注安全	
10	构建和谐的公众关系	

表 3.2 《中核十大原则》和 WANO《健康的核安全文化特征》对比表

<table>
<tr><th colspan="3">中核十大原则</th><th colspan="2">WANO 健康的核安全文化特征</th></tr>
<tr><th>原则</th><th>属性</th><th>描述</th><th>属性</th><th>描述</th></tr>
<tr><td rowspan="5">核安全人人有责(PA)</td><td colspan="4">核安全人人有责</td></tr>
<tr><td>PA. 1</td><td>高度的责任心</td><td>PA. 2</td><td>工作责任</td></tr>
<tr><td rowspan="2">PA. 2</td><td rowspan="2">坚持高标准</td><td>PA. 1</td><td>标准执行</td></tr>
<tr><td>WP. 4</td><td>遵守程序</td></tr>
<tr><td>PA. 3</td><td>发扬团队合作精神</td><td>PA. 3</td><td>团队合作</td></tr>
</table>

续表

中核十大原则			WANO 健康的核安全文化特征	
原则	属性	描述	属性	描述
培育质疑的态度(QA)	人人避免自满，对现在的各种状态、假设、异常和活动持续质疑，以发现可能导致错误和不当行为。			
	QA. 1	避免个人自满	QA. 4	避免自满
	QA. 2	不确定时暂停	QA. 2	对不确定保持质疑
	QA. 3	对假设保持质疑	QA. 3	对假设保持质疑
	QA. 4	对变化保持敏感	N/A	
沟通关注安全(CO)	沟通交流时始终关注核安全。			
	CO. 1	工作过程的沟通	CO. 1	工作过程沟通
	CO. 2	决策依据的沟通	CO. 2	决策的沟通
	CO. 3	保持信息畅通	CO. 3	信息畅通
	CO. 4	强化期望	CO. 4	期望
领导做安全的表率(LA)	领导在决策和行为中体现对核安全的承诺			
	LA. 1	安全承诺	LA. 4	安全承诺
	LA. 2	定义角色/职责和权限	LA. 6	角色、职责和权限
	LA. 3	以身作则	LA. 8	领导者行为
	LA. 4	下现场	LA. 2	领导下现场
	LA. 5	提供资源	LA. 1	资源
	LA. 6	激励/惩罚/奖励	LA. 3	激励、惩罚和奖励
	LA. 7	变化管理	LA. 5	变化管理

续表

中核十大原则			WANO 健康的核安全文化特征	
原则	属性	描述	属性	描述
建立组织内部高度信任(WE)	组织内充满信任和尊重，营造一个相互尊重的工作环境。			
	WE. 1	尊重他人	WE. 1	显而易见的尊重
	WE. 2	重视建议	WE. 2	珍惜建议
	WE. 3	解决冲突	WE. 4	解决冲突
	WE. 4	鼓励无顾虑报告安全问题	RC. 1	关注安全的工作环境（SCWE）政策
	WE. 5	报告问题多种渠道	RC. 2	报告问题多种渠道
	WE. 6	向监管方如实报告	N/A	
决策体现安全第一(DM)	支持或者影响核安全的决策是系统的、严格的和全面的。			
	DM. 1	明确决策责任	DM. 3	决策责任
	DM. 2	统一决策流程	DM. 1	统一的流程
	DM. 3	体现保守倾向	DM. 2	保守倾向
	DM. 4	反映长期业绩	N/A	
认识核技术的独特性(NS)	所有的决策和行动都要考虑核技术的特殊性。			
	NS. 1	认识核安全三个基本功能的重要性	QA. 1	认识核技术的特殊性和独特性
	NS. 2	严守设计裕量	WP. 2	设计裕量
	NS. 3	工作全过程的风险控制	WP. 1	工作管理
	NS. 4	确保设备的可靠性	N/A	
	NS. 5	具有高质量的程序	WP. 3	文件管理

续表

中核十大原则			WANO 健康的核安全文化特征	
原则	属性	描述	属性	描述
识别并解决问题(PI)	对潜在影响到安全的问题，根据其重要性，及时识别、充分评价、快速处理和纠正。			
	PI. 1	识别	PI. 1	识别
	PI. 2	评价	PI. 2	评价
	PI. 3	解决	PI. 3	解决
	PI. 4	趋势分析	PI. 4	趋势分析
倡导学习型组织(LO)	珍惜、寻求和利用一切继续学习的机会。			
	LO. 1	避免组织自满	N/A	
	LO. 2	使用运行经验	CL. 1	运行经验
	LO. 3	开展评估	CL. 2	自我评估
	LO. 4	对标	CL. 3	对标
	LO. 5	培训	CL. 4	培训
	LO. 6	监督检查	LA. 7	监督常态化
构建和谐的公众关系(PR)	通过信息公开、公众参与、公众宣传等公众沟通形式，确保公众的知情权、参与权和监督权，妥善对待和处理公众的各项诉求。			
	PR. 1	信息公开	N/A	
	PR. 2	公众参与	N/A	
	PR. 3	公众宣传	N/A	

《中核十大原则》相对于《中核八大原则》，其显著变化主要有两点：第一，《中核八大原则》没有区分层次，《中核十大原则》将核安全文化划分为对个人、

对领导和对组织的要求3个层次。第二，《中核八大原则》变《中核十大原则》，新增了构建和谐的公众关系（对应汉字“和”）和沟通关注安全（对应汉字“畅”），将“评估和监督活动常态化”改为“识别并解决问题”（对应汉字“寻”），形成了以“我、疑、畅、领、信、安、核、寻、学、和”10个汉字代表的十大原则。这一方式既方便员工理解核安全文化，也便于更好地推广核安全文化，是培育核安全文化的良好实践。

《中核十大原则》相对于WANO 2013版《健康的核安全文化特征》，主要有三个特点：第一，《中核十大原则》采用了和WANO 2013版相同的属性代码体系，即采用英文翻译的首字母组合。第二，《中核十大原则》囊括了WNAO《健康的核安全文化特征》的所有属性，其中WANO的WE.3高度信任成为了《中核十大原则》中的一个原则，十大原则中的PA.2坚持高标准包含了WANO的PA.1标准执行和WP.4遵守程序。第三，《中核十大原则》结合《核安全文化政策声明》和自身实践还新增了QA.4对变化保持敏感、WE.6向监管方如实报告、DM.4反映长期业绩、NS.4确保设备的可靠性、LO.1避免组织自满、PR.1信息公开、PR.2公众参与和PR.3公众宣传等8个属性。

2016年8月15日至19日，中核集团首次运用《中核十大原则》对福清核电厂进行了核安全文化评估。9月23日至28日，海南核电厂运用《中核十大原则》进行了核安全文化自评估。

二、中国广核集团有限公司

中国广核集团有限公司（以下简称中广核集团）在吸收国际核电厂管理经验的基础上，结合自身实际，形成了体系化的核安全文化建设思路。

• 建立以核安全为核心的安全管理体系，任何工作、任何岗位都必须将核安全放在首位，确保核电厂各项安全。

• 将每位员工作为确保核安全的一道重要屏障，要求每位员工必须树立对核安全、社会和公众负责的高度责任感。

• 倡导高度透明和经验反馈，提倡政策透明、决策透明、管理透明和事件报告透明，做好内外部经验反馈，努力从实践中汲取经验教训，以便最大程度减少差错，避免重蹈覆辙。

• 主动寻找问题，鼓励员工积极寻找各类隐患，防患于未然。

此外，中广核集团还通过建立健全安全管理机构、制定安全规章制度和程序、开展经验反馈和自我评估等方式，有效开展核安全文化建设，不断提高全员核安全文化素养。随着宁德核电厂 1 号和 2 号机组、红沿河核电厂 1 号和 2 号机组、阳江核电厂 1 号机组相续投产，中广核集团多基地安全生产的格局逐步形成。为保持并不断提高所属电厂安全绩效水平，2013 年，中广核集团引入 INPO 核安全文化评估理念，在其基础上进行消化吸收，翻译、校核并发布了一系列安全文化评估材料，如表 3.3 所示。

表 3.3 中广核集团安全文化评估材料

机构	文件代码	名称与内容
IAEA	TECDOC-1329	核电厂安全文化
IAEA	TECDOC-1321	核电厂安全文化自我评估
INPO	INPO04	核安全文化的八大原则
INPO	INPO12-012	健康的核安全文化特征
INPO	INPO12-012 附录一	10 项特征的行为表现和行动
INPO	INPO12-012 附录二	特征与原则的交叉索引
INPO	INPO12-06	安全文化对标
INPO	INPO10-004	运行关注
INPO	INPO07-009	实现良好安全绩效的领导力基础
INPO		安全文化调查的 80 个问题
NEI		安全文化测评文件包
NEI		核设施安全文化评估报告示例

其中核安全文化评估的主文件是 INPO12-012《健康的核安全文化特征》，包含 10 大特征、40 个属性以及属性的良好实践举例等。中广核集团还于 2014 年 5 月邀请 INPO 专家在大亚湾核电基地举行了核安全文化评估培训，中广核集团 36 位人员接受了培训并获得 INPO 颁发的核安全文化评估培训毕业证书。针对 INPO 的评估方法，中广核集团开发了自己的核安全文化评估管理系统，包括调查问卷、信息访谈、评估报告、统计报表、系统管理、评估内容管理等 6 个功能模块，可以实现访谈数据的实时录入、数据对比分析、结果图形化展示等功能。

在此基础上，2014 年中广核集团运用该评估体系首次对宁德核电厂、红沿河核电厂和阳江核电厂的安全文化进行了评估，2015 年又分别对大亚湾核电厂、台山核电厂和防城港核电厂进行了评估，取得了预期效果，同时人员得到了培训和锻炼，经验得到了积累并不断反馈到下次的评估活动中。如 2015 年，对 2014 年出版的《核安全文化评估导则》进行了再版升级。2016 年中广核集团对其下属的中广核研究院进行了评估，这是国内首次、也是世界上首次针对研究机构进行核安全文化评估。2016 年，中广核集团还对 2014 年评估过的宁德核电厂和阳江核电厂进行了回访。红沿河核电厂请 WANO 进行了核安全文化技术支持和评估。

三、国家电力投资集团公司

国家电力投资集团公司（以下简称国电投集团）将政策制定放在首位。国电投集团在 2013 年编制了《核安全文化建设五年规划》，统筹规划核安全文化建设工作，明确责任分工，并且每年对规划内容进行更新、升版，确保核安全文化建设符合实际需求。

此外，国电投集团围绕核安全文化核心理念，总结形成“三‘和’文化”的企业文化建设思路。“三‘和’”即，以“核”为先、以“合”为贵、以“和”为本。以“核”为先，强调国家利益高于一切，核电事业优于一切，核电安全重于一切；以“合”为贵，追求与合作企业成为良好合作伙伴，在合作中形成合力，共同推进核电产业的发展；以“和”为本，推崇以人为本，在企业内部营造和睦相处的和谐氛围，实现员工与企业共同成长。

第四章　研究的基本原则和方法

良好的方法能使我们更好地发挥天赋的才能。

——贝尔纳

《核安全文化政策声明》发布以后，适时开展核安全文化特征研究是非常必要的。通过借鉴国际核安全文化的研究成果，结合我国核安全文化培育的实践，将核安全文化特征深入剖析，细化为具体的可操作的内容，并体现核安全监管当局的要求和立场，逐步推广并能应用于持证单位核安全文化的培育和评估工作。

一、研究的基本原则

研究的基本原则为：

• 研究国内主要核电集团及营运单位、核安全设备、核技术利用和核燃料循环领域持证单位近年来在核安全文化方面的实践，开展自评估时采用的方法、工具，以及这些单位开展核安全文化培育的良好实践及经验教训。

• 研究核安全文化的起源、发展、涵盖范畴和具体应用，在比对、分析的基础上，研究《核安全文化政策声明》八大特征的内涵。

• 分析核安全文化与组织文化、质量文化和安全运行间的作用机理。

• 梳理、分析《核安全文化政策声明》所阐述的八大特征的相互关系和相关要求，形成核安全文化特征、属性和良好实践举例之间层层分解、逐步细化、内容互不交叉的结构层次和逻辑关系。

• 提出国家核安全局核安全文化评估的组织管理体系和文件体系相关要求，构建核安全文化评估的体系框架。

二、研究的方法

采用的研究方法主要是文献资料分析和电厂实践调研相结合的方式，并广泛地征求意见和建议。

（一）文献资料分析

核安全文化是一个抽象事物，因此直接对核安全文化进行研究存在一定困难，必须要使其具体化，对核安全文化的一些外在表征进行研究比较。从理论上来说，这不仅需要知道核安全文化的外延和内涵，还需要弄清核安全文化特征间的结构层次以及各特征之间的相互关系。有效方法之一就是进行文献资料分析。

目前，国际上对核安全文化进行研究的文献资料主要包括 IAEA、WANO 、INPO 和 NRC 发布的一系列文件。其中，包含了核安全文化特征的文件具体为：IAEA 的相关文献、WANO 的《WANO 业绩目标与准则》、INPO 的《健康的核安全文化特征》和 NRC 的《安全文化共同用语》。经过多年的实践和发展，上述特征文件形成了以 IAEA 为核心的核安全文化特征体系和以 NRC 为代表的核安全文化特征体系。在这个不断实践、不断优化的过程中，WANO 与 INPO 保持了基本一致。具体如表 4.1 所示。

表 4.1　NRC、WANO、INPO 和 IAEA 提出的核安全文化特征一览表

NRC	INPO（2004 版）/WANO（2006 版）	INPO（2012 版）/WANO（2013 版）	IAEA
·领导层的安全观和行为（LA） ·问题的识别和解决（PI） ·个人责任（PA） ·工作流程（WP） ·持续学习（CL） ·提出安全关注事项的氛围（RC） ·有效的安全沟通（CO） ·相互尊重的工作环境（WE） ·质疑的态度（QA） ·决策制定（DM）	·核安全人人有责 ·领导做安全的表率 ·建立组织内部的高度信任 ·决策体现安全第一 ·认识核技术的特殊性和独特性 ·培育质疑的态度 ·倡导学习型组织 ·评估和监督活动常态化	·个人责任 ·质疑的态度 ·安全沟通 ·领导层的责任 ·决策制定 ·相互尊重的工作环境 ·持续学习 ·问题的识别和解决 ·提出安全关注事项的氛围 ·工作流程	·安全已成为一种公认的价值 ·对安全事务的领导是明确的 ·安全的责任是明确的 ·安全已落实到所有的活动中 ·安全已成为一种学习的动力

目前，国内核电厂开展的核安全文化评估主要也是参考 WANO/INPO 的核安全文化特征展开的。据此，我们对以下资料进行了详细的研究分析。

• IAEA 安全基本法则、安全要求和安全导则对核安全文化的要求。

• IAEA 的 INSAG 系列文件、TECDOC 系列文件和相关会议文件中有关核安全文化进展和实践的内容。

• IAEA 核安全文化评估系列文件。

• 主要核电国家发布的与核安全文化有关的文件以及核安全文化评估的实践，如 NRC 的《安全文化政策声明》《安全文化共同用语》和相关的监督管理程序，比利时、芬兰核安全文化现状。

• 中核集团、中广核集团、国电投集团核安全文化评估的流程以及采用的方法。

• INPO 的核安全文化文件系列文件。

• WANO 的核安全文化系列文件，以及相关的技术文件和报告。

通过对上述资料的分析比对，了解国际、国内开展的核安全文化评估现状，了解各评估体系间的相互关系，了解特征的历史沿革以及演变，分析主要核电国家和国际组织所采用的特征和评估流程间的差异，掌握我国现行核安全文化培育和实践情况。

（二）核电厂实践调研

核安全文化评估的难点在于如何把分散的、思想意识中的内容通过具体的、定性的表现分析出来，也就是如何评估出一个持证单位真实的核安全文化状况。通过核安全文化评估，找出待改进领域和可在业界进行推广的良好实践，持续推进安全水平的不断提升。因此，开展核安全文化评估，在掌握核安全文化各特征属性的基础上，还需要充分了解评估期间数据的收集、分析和处理流程。基于此，我们以观察员或评估员的身份全面参与了核电集团的核安全文化评估活动以及国家核安全局组织的核安全文化监督检查活动。对大亚湾核电基地、台山核电厂、防城港核电厂、海南核电厂、中广核研究院有限公司等单位进行了核安全文化的实地调研，掌握了目前国内核安全文化评估活动中数据分析和处理的原则、方法以及核安全文化评估的特点，为开展监管当局的核安全文化评估活动提供了有益的思路。

（三）征求意见和建议

我们与国家核安全局进行了多次沟通和交流，就监管当局如何开展核安全文化评估活动、活动的定位、评估内容的选取等问题进行了讨论。广泛征求了环境保护部核与辐射安全监管一司、二司、三司，华北、华东、华南、西南、东北、西北核与辐射安全监督站，辐射环境监测技术中心、苏州核安全中心、中机生产力促进中心、中广核集团、中核核电运行管理有限公司、中核集团核动力运行研究所、核能行业协会等单位的意见。

与此同时，借助中欧合作项目的平台，学习和考察了比利时和芬兰核电厂的核安全文化评估实践，并就核安全文化评估有关问题和内容咨询了外方专家，进行了讨论。

三、研究的技术路线

核安全文化涉及组织的人、物和环境各个方面，与组织的价值观、氛围和行为密切相关，分析和评价一个组织的核安全文化是较复杂的，故研究采用了以下技术路线。

（一）前期准备

包括文献收集、信息收集整理。在目前已有资料的基础上，进一步系统收集和阅读国内外关于核安全文化、组织文化、企业文化和质量文化等相关学科的基本理论、方法及最新进展的文献资料；通过收集国内外相关科研机构的研究成果，获取最新信息；通过分析现有评估文件在核安全文化评估方面的侧重点和不同点，对信息与数据进行预处理，为下一步分析建模做准备。

（二）比对分析

在前期分析的基础上，对相关信息进行定性分析，找出符合中国监管实际、需要重点关注的方面，结合《核安全文化政策声明》中的八大特征，建立其内部的逻辑关系和各特征评估的侧重点。分析和研究核安全文化评估模型逻辑关系的完整性和各特征评估侧重点的合理性，评价该模型的适用性，进行修订和完善。

（三）研究成果

确立了技术路线后，我们也对核安全文化特征的体例格式进行了研究。由于定位不同，IAEA 和 NRC 采用的体例格式也不尽相同。IAEA 的特征属性采用的是陈述方式，说明对核安全文化的期望是什么，然

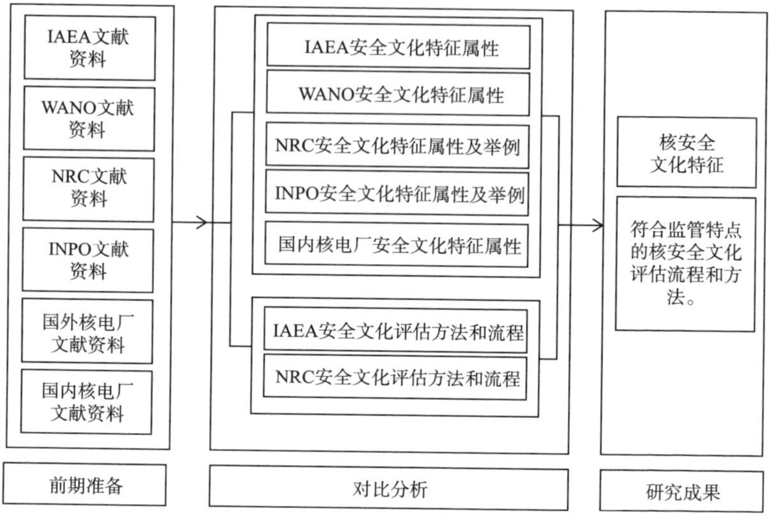

图 4.1 核安全文化研究技术路线图

后给出了一系列的提问，目的是帮助各成员单位进行自我检查。NRC 作为美国的核安全监管机构，在描述特征和属性之后，给出的是“举例”。这些举例仅是为了更全面地说明为维持健康核安全文化应具备的价值观和行为，其目的是帮助个人和组织更好地理解和运用 NRC 核安全文化的特征和属性。同时它也指出，这些特征并不是包含了所有组织的所有活动。在实际应用过程中，有些组织可能会发现，他们的活动只与一个或多个特征相关，也可能会发现，组织中与核安全文化相关的很重要的特征并没有包含在其中。不管是 IAEA 还是 NRC，其特征和属性都不可能做到穷尽和全面覆盖。考虑到核安全文化特征是用于开展核安全文化培育和实践活动的，因此，借鉴了美国 NRC 的体例，其框架见图 4.2。

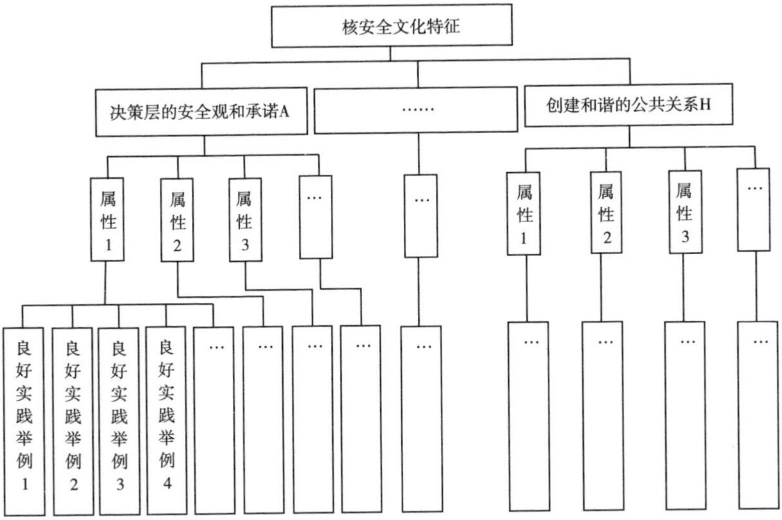

图 4.2　核安全文化特征框架示意图

四、核安全文化特征的框架

核安全文化特征包含 8 个部分，每部分分为 3 个层次。

一是特征描述，摘录《核安全文化政策声明》中每项特征原文。按顺序以 A～H 表示：

- 决策层的安全观和承诺（A）；

• 管理层的态度和表率（B）；

• 全员的参与和责任意识（C）；

• 培育学习型组织（D）；

• 构建全面有效的管理体系（E）；

• 营造适宜的工作环境（F）；

• 建立对安全问题的质疑、报告和经验反馈机制（G）；

• 创建和谐的公共关系（H）。

二是属性，逐条分解特征关注点或侧重点，每条属性均分为属性标题和属性描述两部分，各属性按顺序以 A1、A2……H3、H4 表示。

三是良好实践举例，针对每条属性，结合国内外实践经验，以核动力厂核安全文化实践为主要内容，列举良好实践以供参考，便于加深对属性的理解。

第五章　决策层的安全观和承诺

言顾行，行顾言，君子胡不慥慥尔！

——《中庸》

“决策层的安全观和承诺”特征描述是：决策层要树立正确的核安全观念。在确立发展目标、制定发展规划、构建管理体系、建立监管机制、落实安全责任等决策过程中始终坚持“安全第一”的根本方针，并就确保安全目标做出承诺。

一、特征分析

“决策层的安全观和承诺”特征分析主要依据以下几个方面：

- 中国核与辐射安全法律法规；
- IAEA 安全法规要求及文献；
- 国际公约；
- 国际经验和良好实践；
- 行业规章制度；
- 企业特点和自身管理需求；
- 自我完善和提高。

（一）决策的概念

决策是人们在政治、经济、技术和日常生活中普遍存在的一种行为，是管理中经常发生的一种活动。决策是决定的意思，它是为了实现特定的目标，根据客观的可能性，在占有一定信息和经验的基础上，借助一定的工具、技巧和方法，在对影响目标实现的诸因素进行分析、计算和判断选优后，对未来行动做出决定。本质上，决策是一个循环过程，贯穿于整个管理活动的始终。

一般情况下，对于一个组织而言，根据决策的层次，可以将决策分为高层决策、中层决策和基层决策。

• 高层决策是指组织的最高阶层领导所作的决策，主要是有关组织全局性、长远性的大问题，为战略性决策。

• 中层决策是指由组织中层管理人员所作的决策，为战术性决策。

• 基层决策是指组织基层人员所作的决策，为执行性决策。

（二）决策层的人员组成

《核安全文化政策声明》将一个组织的层级划分为决策层、管理层和全员。决策层和管理层的特点主要体现在以下几方面：

• 决策层关注做正确的事情，而管理层则侧重将事情做正确；

• 决策层更多的是着眼于未来，而管理层侧重的是现在；

• 决策层关注的是效果，而管理层强调是效率；

• 决策层面对的是在安全上“追求卓越”的无止境的目标，而管理层面对的更多是完成组织内既定的安全目标；

• 决策层制定的是原则，而管理层关注更多的是方法和实践。

NRC 在其倡议和推行的安全文化中对一个组织中的人员进行了详细的划分，其关系见图 5.1。

IAEA 在《SCART 指南》中指出“全面的安全文化评价应包括核设施‘从基层到顶层’的所有各级人员。”关于人员职责层级，IAEA 建议在分析安全文化时，应包括下列不同层级人员的职责：

• 董事会成员（Members of Boards of Directors）；

• 核领域主要负责人和高级行政人员（Chief Nuclear Officers and Executive Officers）；

• 核设施层级的核电厂负责人和高级管理者（Station Directors and Senior Managers at Nuclear Facility Level）；

• 中层管理者（运行核设施层级）［Middle-level Managers（Operative Nuclear Facility Level）］；

• 一线主管（班组层级，管理“面对面”小组）

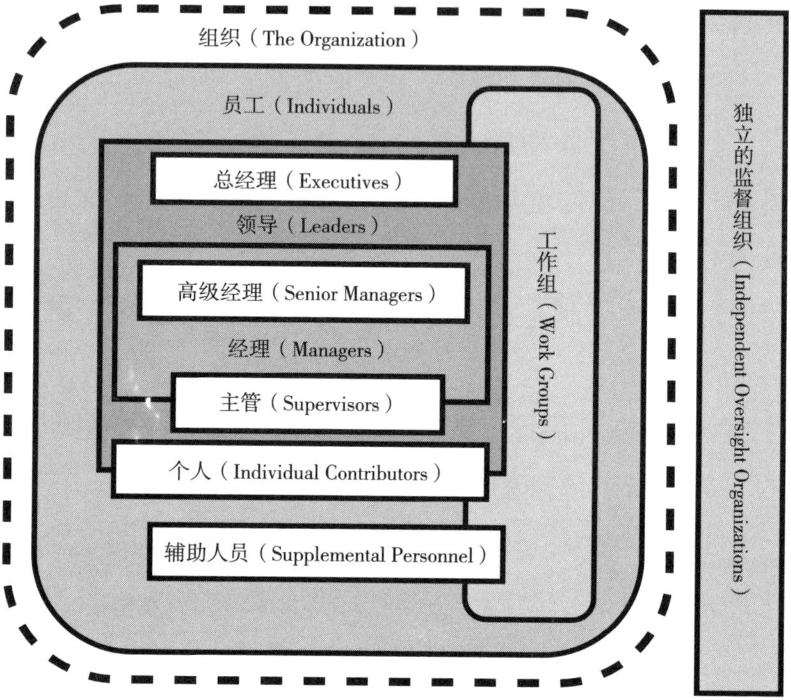

图 5.1 核工业人员关系图

[First Line Supervisors (Team Level，Managing 'Face to Face' Groups)]；

• 基层（操纵员、维修工作人员、技术员等）[Shop Floor Level（Operators，Maintenance Staff，Technicians，etc.）]。

WANO 在对组织中的人员进行划分时，借鉴了 NRC 的模型。其评估标准文件中将人员定义为领导者、管理者、从业人员等。其中：

领导者（Leader）指在坚持核心价值观的同时，启发、指导并影响人们完成组织目标的个人。在适当的时候，领导者会做出干预，以塑造人们的行为、态度和观念，激励他人落实行动、善于思考、改进决策、积极支持变革并追求卓越。

管理者（Manager）指担任管理职位的个人。管理者指导、计划并安排组织中的有关事宜，以实现核电厂安全可靠的运行，以及有效的应急响应。管理者为了实现卓越，要监控业绩、调整大纲并做出必要的处理。

同时，WANO 的文件中也出现了“高级领导者（Senior Leaders）”和“高级管理者（Senior Managers）”这样的名词。它指出，高级领导者包括高级现场代表、核电厂管理者及其直接报告人，他们扮演着领导者的角色，启发、指导并影响他人完成组织目标、追求卓越。高级管理者包括高级现场代表、核电厂管理者及其直接报告人，他们负责业务活动的开展。职责包括但不限于设定事项优先顺序、计划、组织、指导、分配资源、培训、监测业绩和调整流程。高级领导者和高级管理者可以由一人兼任，也可以来自同一团队。

根据对 IAEA、NRC 和 WANO 文件的分析，在区分决策层和管理层职权的基础上，结合我国核电厂的组织构架和体制特点，一般而言，决策层主要包括董事会成员、总经理部成员、核电厂经理等在内的高层管理者。其他持证单位的决策层可根据各自的组织结构特点，参考核电厂的层级职责划分，对所列内容进行选取和应用。

（三）对决策层的要求

根据 IAEA 提出的安全原则，与辐射危险以及带来辐射危险的设施和活动有关的组织应该承担核安全责任。而事实上，这些组织成立的首要目的不是保证安全，而是运行带来辐射危险的设施和进行带来辐射危险的活动。因此，在国家层面，核安全文化建设所要解决的是核安全监管部门如何促进和规范与辐射危险以及带来辐射危险的设施和活动有关的组织履行核安全义务，承担核安全责任。

同样，事实上这些组织的成员参加组织的首要动机不是保证安全，而是个人价值的实现。在组织层面，核安全文化建设所要解决的是决策层如何把对核安全问题的认识化为组织的愿景和员工的行动。

1. IAEA 的 INSAG-4《安全文化》对决策层的要求

虽然各国体制不同，核电相关企业的运作也不尽相同，但“凡属重要的活动，人们的行为方式总是受高层领导提出的要求所支配。”IAEA 在总结各成员国的经验基础上，提出了安全文化对决策层的共性要求。

公布安全政策。核电厂营运单位应该制定明确的安全政策声明，并公开公布。安全政策声明是全体员工的行动指南，是对组织安全目标的庄严宣告，也是对安全的公开承诺。同时，IAEA 也指出，对于设计、制造、施工和研究单位，他们的主要责任是保证产品的质量，其中既包括设计、制造的设备，安装的系统，安全分析报告或是软件开发，也包括其他任何对安全重要的产品。保证产品质量是这些单位安全文化的重要方面。

建立管理体制。安全政策的实施首先要求在安全事务方面有明确的责任制。实现这一要求的具体方法就是要明确责任和权限，建立清晰的报告制度，并尽量简化接口。同时，要建立独立的管理部门，负责对核安全活动进行监察。对于与核电厂有关的其他单位，为了保证产品质量，则要求他们建立与其自身管理体制和职责分工相适应的责任制。

提供人力物力资源。人力物力资源包括“软”“硬”两方面。一方面，为确保安全，需要有足够的有经验的员工、必要的专家顾问和承包商，以及为完成工作所配备的必要的设备、装置和技术手段。另一方面，在人事、培训和工作环境等方面要建立相应的制度，保证员工能够有效地完成工作。

自我完善。通过人事安排、岗位培训、运行经验反馈以及对设计变更、核电厂修改和操作程序的管理，定期对核电厂安全相关的工作进行审查。

我们可以看到，IAEA 强调了决策层的第一个要点是安全承诺，第二个要点是责任落实，第三个要点是人力物力资源。

2. IAEA 安全文化评估模型对决策层的要求

IAEA 对安全文化评估采用的模型是：特征——属性——评估具体内容举例（含问题、期望、会议等）。其中特征共 5 个，分别是：

- 安全已成为一种公认的价值；
- 对安全事务的领导是明确的；
- 安全的责任是明确的；
- 安全已落实到所有的活动中；
- 安全已成为一种学习的动力。

这些特征涵盖全体成员，并没有在特征这一层级就提出对不同管理者的要求。在这些特征下面，又有 37 个属性。仅从字面内容上分析，安全已成为一种公认的价值、对安全事务的领导是明确的、安全的责任是明确的、安全已落实到所有的活动中这些特征会涉及决策层。但深入分析后发现，IAEA 虽然主张只要董事会成员、核领域主要负责人和高级行政人员的活动与核设施的安全文化相关，安全文化评估就应包括他们，但在所建议的具体内容中，并没有对上述人员的直接描述，而对决策层的要求主要体现在以下几方面。

• 决策层对安全的承诺是明确的。

• 在文件、沟通以及决策过程中，处处体现“安全第一”的原则。

• 在确定业务计划、进行决策的过程中充分体现对安全事务所采取的主动、长效管理。

• 在资源分配的过程中，安全已成为最重要的考虑因素。

• 决策层具备系统、成熟的领导技巧。

• 决策层寻求员工对改善安全的主动参与。

我们可以看到，IAEA 强调了“决策行为”的重要性，这也是对决策层要求的一个要点。

3. NRC《安全文化共同用语》对决策层的要求

对决策层，NRC 重点关注了以下方面的内容。

建立安全优先的意识和顺序。决策层首先要强化核安全是压倒一切的首要任务的意识。其次，决策层通过使用独立监管组织提供的信息，建立核安全优先顺序。此外，决策层通过不断地沟通期望强调核安全，让员工认识到安全是最优先的。建立并保持可提出安全忧虑的工作环境。

在决策过程中，强调核安全是压倒一切的首要任务。决策层在制定战略和业务计划时，应体现核安全的重要性高于生产指标。同时，决策层要确保企业的优先秩序与核安全保持一致。在进行规划、部署和执行重大变化时，决策层要及时进行沟通，确保核安全能持续保持。通过清晰阐述核安全与战略议题（包括预算、人力资源规划、设备可靠性和商业计划）之间的关系来强调核安全的重要性。此外，NRC还强调，决策层要利用各种工具进行频繁的沟通，不断强调核安全是压倒一切的首要任务。决策层必须确保有核安全影响的延期工作都得到了严格的评估。NRC还指出，决策层应对包括核安全的落实情况等在内的工作活动进行监督。决策层鼓励提出探究性问题以了解电厂工况异常的影响和后果。但当安全运行裕量出现不可接受的降级或当反应堆的状态不明确时，如果程序有要求，应立即停堆，各级领导应执行此要求。

确定并提供组织开展活动所需的资源。决策层必须确保分配给组织足够的资源以保障企业短期和长期安全可靠的运行。在进行资源分配时，必须说明资源分配的原因，包括这些决策对核安全的影响。由于“资源”不仅仅包括实现组织安全运行所需的物资和财政资源，还应包括人力资源。

此外，NRC还从核安全文化状态的监测、评估等方面对决策层提出了要求。比如：NRC要求决策层能与各级领导和员工在其工作环境下见面，以便了解组织的安全文化状态。决策层可以选取由不同专业、不同领域的合格人员所组成的评审团进行独立评审，从而获得外部对于组织核安全的看法。决策层可以使用各种监测工具，包括员工调查、自我和独立的评估、外部安全审查委员会成员反馈和员工关注问题调查，定期监测核电厂安全文化状态

4. 我国核安全法规对决策层的要求

我国HAF103—2004《核动力厂运行安全规定》中也对决策层提出了明确的要求：核动力厂的管理必须保证核动力厂安全运行，遵守法律、法规要求。营运单位必须特别强调核动力厂的运行安全，必须贯彻安全第一的原则。在建立营运单位的组织机构时，必须考虑其决策职能，这其中包括确定管理目标、确定核安全和质量政策、分配财力、物力和人力资源、批准管理大纲内容、制定使员工状态胜任其工作的制度

以及根据实现管理目标过程中的业绩对上述各项制定必要的修改计划。在其相关的导则中更加明确地指出“核动力厂经理的职责包括：实施营运单位的安全政策，建立和维持健全的安全文化，管理和验证安全相关的活动。”因此，“决策行为”和“资源保障”对决策层而言，尤为重要。梳理上述要求，有些会涉及到“全员的参与和责任意识”“培育学习型组织”“构建全面有效的管理体系”等特征。

二、属性研究

通过特征分析，得出了“决策层的安全观和承诺”特征的 4 个要点，这些要点是培育良好的核安全文化所必需的要素，因此将它们作为这一特征的重要属性。

A1 安全承诺：决策层确保核安全高于一切。

决策层要树立正确的核安全观念并对安全做出承诺。对强化安全的真正承诺不仅仅意味着由高层管理人员书写一个政策声明，并在他们的讲话中提及安全的重要性。承诺不仅意味着提供领导力，还意味着和员工及其代表一起，开发将组织的安全目标转化为日常现实的手段。决策层的安全观念和积极行动是培育和发展核安全文化的关键要素。决策层通过安全政策声明，对安全目标做出承诺，并公布于众。安全政策声明的内容与形式，各个组织可以有所不同，但核心始终是“安全第一”，这一地位不应受生产进度和经济效益的影响。与此同时，决策层有责任将“安全第一”的理念以各种形式进行宣贯和强化。

A2 决策行为：决策过程体现“安全第一”。

决策层在进行决策的过程中，要切实落实其对安全的承诺并体现“安全第一”的根本方针。具体细化为在进行每项决策时应首先考虑核安全，并为安全投入足够的资源。在确立发展目标、制定发展规划时，必须将“安全第一”落到实处。在构建管理体系时要体现良好的安全文化。如果在政策声明中阐明“安全第一”，而实际生产活动中却是“安全让步”，那么决策层的任何承诺将在整个组织中得不到重视，甚至在某种情况下，产生适得其反的效果。因此，决策的过程其实也就是“言行一致”的过程。

A3 责任落实：决策层明确岗位的职责和授权以确保核设施安全可靠地运行。

决策层通过明确岗位职责等方式落实安全相关责任。明确、清晰的职责分工是一个组织有效运作的必要条件。分配给每个部门和岗位的职责必须十分明确，并通过详细的书面文件加以说明。授权给部门和个人的职权和责任的总体划分必须经过仔细审查，确保没有遗漏、重叠和含混不清的情况发生。决策层确保管理层能够做到保证每个员工不仅了解自己的职责，还要了解其周围同事的职责、他们所在部门的职责。由于营运单位对核设施的安全承担全面责任，因此，特别要强调安全责任的落实，强调营运单位决策层对保证核设施安全必须承担的责任。

A4 资源保障：决策层确保组织内的管理体系有效运作。

资源保障是组织内管理体系有效运作的重要前提和必要条件。作为决策层，必须做出安排，以确保组织拥有或保持开展活动以及履行其安全职责所需的全部能力和资源。

上述几方面的逻辑关系如图 5.2 所示。

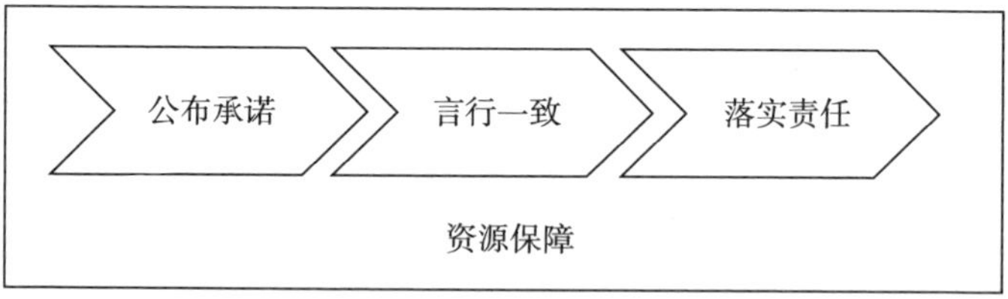

图 5.2 决策层的安全观和承诺的属性逻辑关系

三、良好实践举例

根据上述特征分析和属性研究，形成“决策层的安全观和承诺”的15个良好实践举例。

A1 安全承诺：决策层确保核安全高于一切。

(1) 决策层在安全政策声明中承诺坚持“安全第一”的根本方针。

(2) 决策层强化核安全至上的要求和意识，建立并保证核安全首要位置。尤其是当安全与成本、进度发生冲突时，明确将核安全作为第一考虑要素。

(3) 决策层坚持对重大核安全问题一票否决的安全底线，建立了对违反安全行为零容忍的制度。

(4) 决策层传达对核安全的期望，让员工认识到安全是生产活动中最优先的要素。

(5) 决策层采用多种方式与员工积极沟通，强化安全是压倒一切的首要任务。

A2 决策行为：决策过程体现“安全第一”。

(1) 决策层在制定发展战略和长远计划的过程中，体现了核安全的重要性。

(2) 决策层在进行规划、部署和执行重大变化时，确保核安全得以维持。

（3）决策层“言行一致”，始终重视核安全，尤其是在解决核安全和生产之间的矛盾时。

（4）决策层应强化要求，当安全运行裕量出现不可接受的降级或反应堆的状态不明确时，领导应采取保守决策，确保反应堆处于安全状态。

A3 责任落实：决策层明确岗位的职责和授权以确保核设施安全可靠地运行。

（1）决策层确保报告关系、资源控制和个人权力与其对核动力厂安全可靠运行所承担的责任相一致。

（2）决策层确保岗位的职责和授权得到清晰明确的界定、理解，并通过文件的形式予以明确。

（3）决策层确保核动力厂的领导都了解各自的职责和安全责任。

（4）决策层经常进行现场巡视，进行工作活动的观察、指导，强化核安全要求。

A4 资源保障：决策层确保组织内的管理体系有效运作。

（1）决策层为保证核动力厂短期和长期的安全可靠运行配备了充足的资源。

（2）决策层确保对有核安全影响的延期工作进行了严格的评估。

第六章　管理层的态度和表率

榜样的力量是无穷的。

——弗朗西斯·培根

“管理层的态度和表率”特征描述是：管理层要以身作则，充分发挥表率和示范作用，提升管理层自身安全文化素养，建立并严格执行安全管理制度，落实安全责任，授予安全岗位足够的权力，给予安全措施充分的资源保障，以审慎保守的态度处理安全相关问题。

一、特征分析

“管理层”在核电厂是指除决策层之外的中层领导、部门经理、一线经理、主管、值长及相关负责人等。其他持证单位的管理层可参考核电厂的层级职责划分确定。

（一）IAEA 对管理层的要求

IAEA 在 INSAG-4《安全文化》中指出，核电厂管理层负责企业安全政策和目标的具体实施，管理层的工作职责和具体要求如下：

（1）明确职责分工

建立清晰的管理制度可以使每个人职责分明，每位员工可充分了解各自的职责以及上下级的职责。

（2）安全工作的安排与管理

确保高标准严要求地完成各项与核安全相关的工作。为了保证工作能够按照规定进行，各部门经理应建立一套监督和管理制度，确保核安全相关工作的有序开展。

（3）对人员资格的审查和培训

确保每一位员工都能充分胜任自己所承担的工作。首先人员招聘和任命程序要保证工作人员具备初步资格，其次还要保证人员的培训和定期复训。对人员技能的评价是培训不可分割的一部分，对于电厂运行中的关键岗位，对人员是否称职的判断，还应考虑生理和心理等方面的因素。

（4）奖励和惩罚

鼓励那些在核安全方面有突出表现的人，并给予一定的物质奖励。在营运核电厂的过程中，奖励制度不只是基于生产而要与安全联系起来。当发生差错时，注意力不要过多地放在错误本身，而应更注意从中吸取经验教训。然而，对于重复出现的问题或严重失误，经理们要负责采取纪律措施，否则会危及安全，但具体做法要慎重，处罚不应导致人们隐瞒错误。

（5）监察、审查和对比

在贯彻质量保证措施以外，还要负责实施一整套监察或监督措施，例如对培训计划、人事任命程序使用、工作方法、文件管理和质量保证体系等的定期审查。此外，还可以通过查阅内部关键绩效指标与外部或其他核电厂的绩效指标进行对比来评估自身的安全绩效。

IAEA 在安全报告丛书 No. 11《发展核活动中的安全文化》中指出，为支持良好的安全文化不断发展，管理层在以下方面负有重要责任，或者说重视以下领域的工作，视为核安全文化在管理层中的重要体现：

• 通过适当的培训，深刻理解安全文化的内涵和实践；

• 展示关怀与管理恰当平衡的领导风格；

• 以有形的方式表达对安全的关注；

• 把安全列为会议议程中的优先议题；

• 鼓励员工对安全问题持质疑的态度；

• 确保将核安全纳入组织的战略规划；

• 责任范围内在直接改进安全方面设立目标；

• 定期审查组织的安全相关政策，确保在当前和预期情况下的适当性；

• 关注安全趋势，以确保安全目标正在实现；

• 对安全改进表现出真正的兴趣，对实现安全改进的人给予认可，关注点不局限于存在安全问题的工况。

从以上可以看出，IAEA 强调管理层对安全文化要有深刻的理解，在不同场合表达安全关注以体现“表率作用”，明确职责分工和工作安排以落实“安全责任”，采用监察、监督和对比以保持“常态检查”，在这些管理过程中体现安全文化。

（二）NRC《安全文化共同用语》对管理层的要求

NRC 对于管理层如何在日常行为中体现核安全文化也进行了描述，在 NRC《安全文化共同用语》中表述为领导日常工作中的管理行为和责任感：

• 领导在他们的决策和行为中展示他们对安全的承诺。

• 领导经常在电厂工作区观察、指导、强化标准和期望，及时纠正偏离标准和期望的行为。

• 领导要确保激励、处罚和奖励与核安全政策、强化的行为和成果相一致的，显示出安全第一。

• 电厂经理应确保人员配置与保持安全和可靠的相关需求一致，确保人员、设备、程序和其他资源是有效的，并对核安全有足够的支持。

• 领导确保电厂是将核安全压倒一切作为首要任务。

• 领导在使用系统流程对变更进行评价和实施，确保核安全始终是压倒一切的首要任务。

• 领导明确定义角色、责任和权力，以确保核安全。

• 领导确保核安全是通过各种监测技术，包括评估核安全文化不断审查。

• 领导“言行一致”，规范正确的行为，尤其是在解决核安全和生产之间的矛盾的时候。

• 核安全问题发生时，领导掌握问题发生情况，迅速采取行动，妥善解决问题。

• 领导保持高标准的行为，促进了各方面遵循积极核安全文化。

• 领导展示对电厂运行人员的兴趣，积极寻求各级人员提出安全忧虑。

• 领导鼓励员工阻止不安全行为和不安全现象，支持员工基于安全考虑停止电厂的相关活动。

• 领导激励他人实施积极的安全文化的行为。

从上可以看出，NRC 强调管理层自身决策和沟通之间“言行一致”，强调管理层在现场工作区指导、及时纠正偏离，确保“常态检查”，在“资源分配”环节中确保人员、设备、程序和其他资源是有效，注重寻求专家意见并“保守决策”，支持员工基于安全考虑停止相关活动，才能更好地体现核安全文化。

一般意义上管理层的目标是改进安全和生产两个方面，其中安全应该置于首要的基础性地位来考虑。核安全文化首先体现在领导在日常行为中的表率作用。管理层作为决策的关键执行者，如果不能通过个人行为和有力领导，以有形的方式兑现核安全的承诺，就无法使得组织中的其他人员深信核安全的重要性高于组织的其他目标，就会使核安全文化沦为表面文章。

管理层自身具有较高的安全文化素养，体现在时时、处处重视安全，在出现失误甚至事故时，管理层不是推卸责任、文过饰非，而是认真查找自身的原因，及时改进和纠正，并进行有效的经验反馈。管理层在实际工作中应经常提及安全，重视安全话题的沟通，在组织内营造有利于安全的工作氛围。有了管理层的表率和示范作用，基层员工更容易形成安全比其他问题更重要的意识观念和自觉行动。

安全管理制度和职责分工对于确保安全的重要作用是不言而喻的。管理层应制定安全相关的管理制度一定要健全并严格执行，分层级制定工作程序和作业指导书，满足对安全所有方面控制的要求。有了安全管理制度，涉及安全的问题就可做到有章可循。有了安全管理制度和程序，更需要执行到位，责任到人。

与制定管理制度类似，在资源分配过程中尤其应体现安全的重要性。管理层通过确保人员、设备、程序和其他资源的有效性，对核安全提供足够的支持。管理层还应确保合格人员的资源配备并满足工作时间的要求，确保工作人员在从事与安全有关的工作时能配备必要的设备、装置和各种技术手段。

对于需要立即采取措施的问题，管理层要及时采取有利于安全的决策。对于复杂的技术改造，则需要经过反复论证，做到风险可控。在实践中管理层应要求工作人员或团队，在开始一项工作或开始执行一个程序前先停下来并评估安全，稳健地对待与安全相关的事项，核实对情况的理解（必要时寻求更多的信息或建议）并假设可能发生的最坏情况。总是采取稳健的行动方式并不容易，尤其是有生产压力的时候，此时组织目标的优先次序必须要明确且广为理解。为了发展和强化这种文化，如果员工因为对潜在安全问题有合理的质疑而中止工作或不同意修改，他们应受到表扬。

结合 IAEA 和 NRC 的表述，总结以上分析可以得出，管理层的核安全文化特征可以从以下 5 个方面理解，表率作用、安全责任、资源分配、常态检查和保守决策。具体来讲，管理层在日常管理工作中以身作则，发挥表率作用，体现“安全第一”的根本方针；明确并落实安全责任，制定安全管理制度并严格执行；确保人员、设备、程序和其他资源得到充分保障，各安全岗位具有足够的权力对安全负责；通过各种方式方法确保核安全，包括对核安全文化进行不断审查；进行决策时采取确保核安全的保守假设，必要时寻求不同工作组和组织的意见，同时支持员工解决实际问题时采取基于安全的保守方案。

二、属性研究

基于对管理层核安全文化特征的分析，“管理层的态度和表率”特征的5个要点是表率作用、安全责任、资源分配、常态检查和保守决策。将这5个要点作为这一特征的重要属性，下面对这些属性开展进一步分析。

B1 表率作用：管理层在日常管理工作中以身作则，坚持“安全第一”的根本方针。

管理层的态度和表率对于追求高标准的安全目标至关重要，要求管理层带头坚持安全一票否决制度，并通过自己的行动不断向员工以及承包商灌输这一观念，在与员工和承包商沟通的过程中不断强化安全优先的态度。只有这样，管理层才能做到言行一致，树立率先垂范的榜样。

B2 安全责任：管理层应明确并落实安全责任，制定安全管理制度并严格执行。

管理层负责组织一线的安全管理工作。要保障整个组织的良好运转，管理层需明确安全责任并落实到人，制定各项具体安全制度和相关管理规定，保证制度和规定得到严格执行。

B3 资源分配：资源分配体现安全业绩的重要性，确保为安全防范和处置措施配备足够资源。

管理层应确保人员、设备、程序和其他资源得到充分保障，各安全岗位具有足够的权力对安全负责。资源的合理配备是保障安全开展工作的基础，员工应该具有安全地从事具体工作所必需的工具、设备和设施等资源。

B4 常态检查：管理层应用各种监测工具确保核安全，包括持续审查核安全文化。

管理层通过各种方式方法确保核安全，包括对核安全文化进行不断审查。保障核安全是一项持续性的工作，管理层要通过各种监测技术确保核安全，持续不断推进核安全文化的培育，定期对工作进展及安全绩效进行审查、评估，保证核安全文化建设在组织内得到持续有效落实。

B5 保守决策：管理层进行决策时应使用审慎的态度，必要时寻求不同工作组和组织意见；管理层支持员工解决实际问题时采取基于安全的保守方案。

管理层进行决策时使用保守假设，必要时寻求不同工作组和组织的意见，同时支持员工解决实际问题时采取基于安全的保守方案。管理层的决策要采用强调谨慎选择的做法，而不是简单地允许或者接受，行动的执行要保障安全性。

三、良好实践举例

B1 表率作用：管理层在日常管理工作中以身作则，体现“安全第一”的根本方针。

(1) 当核安全和生产之间发生矛盾时，管理层处理矛盾时坚持“安全第一”的根本方针。

(2) 管理层提升核安全文化素养，以高标准规范自身行为。

(3) 管理层在制定目标，提出潜在问题，启动或终止突发事件预案等重要运行决策时要沟通交流。

(4) 核安全问题发生时，管理层能够准确掌握问题发生情况，迅速响应，妥善解决问题。

（5）管理层鼓励员工阻止不安全行为，消除不安全状态，并支持员工基于安全考虑停止相关工作。

B2 安全责任：管理层应明确并落实安全责任，制定安全管理制度并严格执行。

（1）管理层在程序上明确各级人员的责任、角色与权力，并且确保这些内容被全体员工普遍理解。

（2）管理层落实在核安全决策中的个人责任制，确保相关人员切实担负起相应的责任。

（3）管理层严格执行安全管理制度，确保由关键安全岗位一线人员参与重要核安全决策的制定。

B3 资源分配：资源分配体现安全业绩的重要性，确保为安全防范和处置措施配备足够资源。

（1）管理层确保人员配置与保持安全可靠的相关需求一致。

（2）管理层确保在所有运行工况下都有足够的合格人员，并满足工作时间的要求。

（3）管理层采取措施确保设施的有效性和定期维护，包括设备有效性、模拟机逼真度和应急设备可用性等。

B4 常态检查：管理层应用各种监测工具确保核安全，包括持续审查核安全文化。

（1）管理层使用各种监测方式，包括员工调查、自我和独立评估、外部反馈等，定期监测核安全文化落实情况。

（2）管理层积极支持和参加对工作态度和核安全文化的评估活动，了解影响管理层信任以及有损核安全文化的因素，解决存在问题。

（3）管理层在现场及重要安全改进过程中通过聚焦问题、强化标准、指导问题改进和强化积极决策，以展示领导力。

（4）管理层与工作组或团队进行详细讨论，并对如何提高安全绩效提供有价值的反馈意见。

（5）管理层鼓励资深员工为安全行为和坚持高标准做出表率。

B5 保守决策：管理层进行决策时应使用审慎的态度，必要时寻求不同工作组和组织意见；管理层支持员工解决实际问题时采取基于安全的保守方案。

（1）管理层坚持审慎保守的态度解决安全问题，特别是在信息不完整或特殊情况下。

（2）管理层在决定解决突发事件时，考虑了事件的长期后果。

（3）管理层从安全角度出发，及时采取行动应对不利环境。

第七章　全员的参与和责任意识

天下兴亡，匹夫有责。

——顾炎武

“全员的参与和责任意识”特征描述是：全员正确理解和认识各自的核安全责任，做出安全承诺，严格执行各项安全规定，形成人人都是安全的创造者和维护者的工作氛围。

一、特征分析

确保核与辐射安全，人人有责，需要全员的参与。在一个组织中，“全员”应涵盖组织中所有人，包括决策层、管理层、普通员工和承包商。为方便论述，用“员工”指代“全员”中的单个人。

（一）责任意识

责任一词含义丰富。在中国古汉语中，一般都是用“责”来表达“责任”的意思，如《书·金滕》中“若尔三王，是有丕子之责于天。”《汉语大辞典》对责任的概念作出以下三个方面的界定：（1）使人担当起某种职务和职责；（2）分内应做的事；（3）做不好分内应做的事，因而应该承担的过失。英语中，多用Responsibility来表达责任的意思，据《韦氏词典》介绍，Responsibility的含义有：（1）责任是一种尽责的品质或状态。A. 道德上、法律上或心理上有担当。B.

可靠的，可信赖的。（2）对某事有责任、担负。英语 Responsibility 的第一个解释比较对应汉语中“负责任，有责任意识”的意思，而第二个解释更接近汉语“责任”一词的含义。总结而言，责任应该包含两方面的含义：（1）分内应该做的事情，即应尽的责任；（2）没有做好分内应该做的事情而必须接受的惩罚或承担的后果。可见，责任是每个人都要面对的，是不可回避的。

责任意识是人们认同和接受责任后，把责任内化为自己的意识，属于主观范畴。责任意识是指主体在理解一定条件下自身角色和社会要求的基础上，把握自身行为及其结果，使之符合社会要求的情感、意愿，是个体对角色职责的自我意识及自觉程度，是一种自我约束的价值取向，是社会意识的重要范畴。责任意识有其天生的成分，但需要后天的不断培养和强化。马克思强调：“一个人只有在他握有意志的完全自由去行动时，他才能对他的这些行为负完全责任。”如果主体是被强制履行道德规范，那就不是具有责任意识。因此，具有责任意识的人们在社会生活中能够自主自律地认识到社会对自身行为的要求，按照社会规范对自身的行为作出判断，预测行为的可能后果，从而调节自己的行为，使之符合社会的要求。

由于核行业的特殊性，责任意识对确保核与辐射安全尤为重要。与其他行业相比，核行业具有鲜明的特点，即技术的复杂性、事故的突发性、处理的艰难性、后果的严重性、影响的深远性以及高度的社会敏感性。这些特点决定了核与辐射安全关乎事业发展、关乎公众利益、关乎社会稳定，关乎国家安全。因此，全员必须树立起对核与辐射安全的责任意识。

责任意识的重要作用在于能够促使员工凡事以安全第一为原则，积极主动，谦虚谨慎，精益求精，养成 INSAG-4 中个人层面的良好品质，即质疑的工作态度、严谨的工作方法和相互交流的工作习惯，从而有利于减少和避免各类事件和事故的发生。

（二）安全规定

“全员的参与和责任意识”特征中的“安全规定”不仅仅是指核与辐射安全相关的某个管理规定或制度，而应该包含所有核与辐射安全相关的法律法规、规章制度和程序。

1. 我国核与辐射安全法律法规

目前，我国核与辐射安全法律法规包括法律、行政法规、部门规章等。现行核与辐射安全法律和行政法规可以归纳为“1法律7条例”，法律即为《中华人民共和国放射性污染防治法》，条例如表7.1所示；现有的核与辐射安全部门规章是指环境保护部（国家核安全局）发布的10个系列的29部部门规章，如表7.2所示。

表7.1 核与辐射安全行政法规

序号	法规名称
1	中华人民共和国民用核设施安全监督管理条例
2	核电厂核事故应急管理条例
3	中华人民共和国核材料管制条例
4	民用核安全设备监督管理条例
5	放射性物品运输安全管理条例
6	放射性同位素与射线装置安全和防护条例
7	放射性废物安全管理条例

表7.2 核与辐射安全部门规章

序号	法规编号	法规名称
	第0部分　通用系列	
1	HAF001/01—1993	民用核设施安全监督管理条例实施细则之一——核电厂安全许可证件的申请和颁发
2	HAF001/01/01—1993	民用核设施安全监督管理条例实施细则之一附件一——核电厂操纵人员执照颁发和管理程序
3	HAF001/02—1995	民用核设施安全监督管理条例实施细则之二——核设施的安全监督
4	HAF001/02/01—1995	民用核设施安全监督管理条例实施细则之二附件一——核电厂营运单位报告制度

续表

序号	法规编号	法规名称
5	HAF001/02/02—1995	民用核设施安全监督管理条例实施细则之二附件二—研究堆营运单位报告制度
6	HAF001/02/03—1995	民用核设施安全监督管理条例实施细则之二附件三——核燃料循环设施的报告制度
7	HAF001/03—2006	民用核设施安全监督管理条例实施细则之三——研究堆安全许可证件的申请和颁发规定
8	HAF002/01—1998	核电厂核事故应急管理条例实施细则之一——核电厂营运单位的应急准备和应急响应
9	HAF003—1991	核电厂质量保证安全规定
10	HAF004—2013	核与辐射安全监督检查人员证件管理办法
	第 1 部分　核动力厂系列	
11	HAF101—1991	核电厂厂址选择安全规定
12	HAF102—2016	核动力厂设计安全规定
13	HAF103—2004	核动力厂运行安全规定
14	HAF103/01—1994	核电厂运行安全规定附件一——核电厂换料、修改和事故停堆管理
	第 2 部分　研究堆系列	
15	HAF201—1995	研究堆设计安全规定
16	HAF202—1995	研究堆运行安全规定
	第 3 部分　非堆核燃料循环设施系列	
17	HAF301—1993	民用核燃料循环设施安全规定
	第 4 部分　放射性废物管理系列	
18	HAF401—1997	放射性废物安全监督管理规定
19	HAF402—2013	放射性固体废物贮存和处置许可管理办法

续表

序号	法规编号	法规名称
	第 5 部分　核材料管制系列	
20	HAF501/01—1990	中华人民共和国核材料管制条例实施细则
	第 6 部分　民用核安全设备监督管理系列	
21	HAF601—2007	民用核安全设备设计制造安装和无损检验监督管理规定
22	HAF602—2007	民用核安全设备无损检验人员资格管理规定
23	HAF603—2007	民用核安全设备焊工焊接操作工资格管理规定
24	HAF604—2007	进口民用核安全设备监督管理规定
	第 7 部分　放射性物品运输管理系列	
25	HAF701—2010	放射性物品运输安全许可管理办法
26	HAF702—2016	放射性物品运输安全监督管理办法
	第 8 部分　放射性同位素和射线装置监督管理系列	
27	HAF801—2008	放射性同位素与射线装置安全许可管理办法
28	HAF802—2011	放射性同位素与射线装置安全和防护管理办法
	第 9 部分　辐射环境系列	
29	HAF901—1997	电磁辐射环境保护管理办法

2. 规章制度

规章制度主要是指组织自身制定的各项规定、章程和制度，在核电厂的文件体系中主要指各类管理程序，比如执照申请、工业安全、财务、人力资源、合同等各类管理程序。以台山核电厂的文件体系为例，其每类管理程序又分为管理政策和细分的管理程序，比如财务类管理程序包含财务管理政策和各种具体的财务管理程序。

3. 程序

程序是员工开展具体工作的操作指南，在核电厂的文件体系中主要是指各类技术程序，比如运行、维修、技术执行等方面的程序，每个方面又包含很多更细致的程序，比如电厂的运行规程、运行技术程序、质量管理程序等。

遵守法律法规和规章制度是卓越核安全文化的重要体现。IAEA《在核活动中培育安全文化》中阐述了发展和强化安全文化的过程中，组织通常会经历的3个阶段，其中第一个阶段是“安全是被动的，符合了规则和法规要求就是保障了安全。”因此可能会认为遵守法律法规和规章制度仅仅是强化核安全文化的最初阶段，不能算是卓越核安全文化的一部分。但INSAG-15《强化安全文化中的关键实践》中指出：“三个阶段是对实际复杂过程的一个简单和理想化的表述。事实上，三个阶段是不能截然分开的，在强化安全文化的过程中，任何组织都可能有一些方面超前于其他方面。”因此，员工遵守法律法规和规章制度依然是一个组织卓越核安全文化的体现，其具体内涵不仅仅表现为员工被动接受法律法规和规章制度的要求，更表现为员工以积极的心态去严格遵守。

具体工作中，遵守程序对保障核安全至关重要。程序包含了完整的工作链条，在一个程序中，工作得到识别、选择、计划、安排、执行、关闭和评价。INSAG-15《强化安全文化中的关键实践》中指出："如果程序得不到尊重，员工就会走捷径或'绕着走'，这可能导致安全水平的进一步降低，因为绕开一个非主要的安全要求会很快产生一种文化，在这种文化中，即便是至关重要的和基本的安全程序也不再视为神圣不可违犯的了"。员工应当充分理解程序的必要性和适当性，始终如一地自觉遵守程序。

（三）团队合作

团队一词最早是在1994年由美国著名的管理学教授斯蒂芬·P·罗宾斯首次提出，他认为：团队就是由两个或者两个以上的、相互作用、相互依赖的个体，为了特定目标而按照一定规则结合在一起的组织。

团队合作是指团队成员与组织拥有共同的价值观，其核心是团结协作、优势互补，它的境界是一种奉献精神。团队合作的形成并不要求团队成员牺牲自我，恰恰相反，个人严守承诺、做好本职工作、发挥个人特长保证了成员共同完成任务目标，团队合作能够激发个人的创造力，提高组织的工作绩效和创新力。

团队合作对保障核与辐射安全极为重要。核电厂是一个庞大复杂的系统，不仅工艺复杂、接口众多、技术尖端，而且涉及原子物理、机械、电子、热力等非常广泛的技术领域。这就需要运行、维修、仪控、质量保证、经验反馈、监察等各个板块相互配合，而且同一板块不同班组之间的合作也是非常重要的，任何一个环节出现问题都可能影响或威胁核与辐射安全。

团队合作的作用体现在什么地方呢？IAEA《发展核活动中的安全文化》认为："卓越的团队合作对组织的所有方面均是有益的，尤其是对安全有益，它通常取决于团队之间或个人之间的有效关系。当由多个团队来完成某些特定任务时，重要的是要确保责任不被弱化以及每个层次的责任界定明确。然而，重要的是，对团队的高度忠诚应不妨碍报告安全相关失误或未遂事件的透明度。"也就是说进行团队合作的关键是成员各自明确的责任界定。因为责任界定不明确往往导致一部分责任无人承担，另一部分责任被多人承担，从而导致整体安全责任出现缺口，并容易引起成员之间的纷争。古人云："不在其位，不谋其政。"进行团队合作时，划清各自的责任边界是关键所在。此外，进行团队合作的目的是一起维护核与辐射安全，不能以突显个人的“才华”为目标，更不能为了小团体的利益而“团结起来”隐瞒安全相关事项。

团队合作是可以培育的。IAEA《发展核活动中的安全文化》中指出：“大多数成功的组织积极鼓励员工之间的团队合作。许多组织已对培训员工以团队方式有效工作给予投入。它们通过让员工对群体行为和团队所经历的发展阶段有一些基本理解，提高了团队合作的质量。一些组织还在技巧方面对员工进行培训，从而以结构化的方法解决问题，而且这种培训已经与团队的发展结合起来。”

二、属性研究

根据上述特征分析，将特征“全员的参与和责任意识”分解为“遵守法律法规和规章制度”“遵守程序”“责任意识”和“团队合作”4个属性，并给出每个属性的描述。

C1 遵守法律法规和规章制度：员工理解遵守法律法规和规章制度的重要性。员工在工作中对违背法律法规和规章制度的行为和后果承担责任。

核与辐射安全法律法规和规章制度是确保核与辐

射安全最基本的要求，一方面，由于其具有强制力，全员必须共同遵守，但另一方面，在一个追求卓越安全绩效的组织中，员工出于对核安全的关注，当以积极的心态主动遵守，并在工作中自觉接受监督。值得注意的是，由于承包商人员数量较大、素质参差不齐，要特别关照他们的行为，保障法律法规和规章制度要求的全覆盖，远离违规操作和弄虚作假，切实保障核与辐射安全。

C2 遵守程序：员工遵循流程、程序和工作指令。

俗话说："细节决定成败，过程决定结果""失之毫厘，谬以千里"，遵守程序就特别需要关注细节、关注过程。遵守程序的几个关键节点：首先，要确保遵守的程序与将要进行的工作相匹配，且完成了此前要求的更新；其次，承担工作的员工应当具备执行相应程序的资格，并给予了适当的授权；再次，遵守程序过程中要谨慎、按部就班，不能以为无关紧要图省事而跳跃步骤；最后，为了方便溯源，要正确记录工作活动。

C3 责任意识：员工主动并正确理解和认识各自的核安全责任，并在支持核安全的行为和工作实践中体现责任意识。

员工具备责任意识体现在对待工作的态度和行为上，不同于"当一天和尚，撞一天钟"的被动与懈怠，而是能够以对安全高度的责任感承担所分配的工作，念兹在兹，全身心地投入其中。平时自愿通过各种方式和渠道提升自己各方面的能力，磨刀不误砍柴工；工作前全面了解自身的安全责任，对工作进行精心准备；工作中不因准备充分而麻痹大意，而是时刻心系自己的职责，保持警觉，不轻易放过看似微小的问题，注意识别潜在风险，营造专业环境。

C4 团队合作：员工之间以及工作组之间，对于部门内和跨部门的各类活动进行沟通协调，确保核安全。

认识到团队合作的重要意义，员工要能够站在全局思考自己的工作，在工作中表现出强烈的协作和合作意识，积极参与讨论，出谋划策，细化安全措施，进行相互检查，以发现个人容易忽略的错误。个人要努力取得各种资格认证，积极参加各类培训，以提高自身业务水平，更能胜任团队中分配的任务。还要积极帮带新员工，分享工具和资料，以提高整个团队的业务水平。进行团队合作除了业务水平的提高外，员工应努力遵守承诺，以建设团队内部的相互信任。

三、良好实践举例

根据以上研究，各属性的良好实践举例如下：

C1 遵守法律法规和规章制度：员工理解遵守法律法规和规章制度的重要性。员工在工作中对违背法律法规和规章制度的行为和后果承担责任。

（1）员工充分关注核安全，并通过互助和讨论强化这种关注。

（2）员工有责任为遵守核安全法律法规和规章制度的行为做出表率。

（3）各级员工共同遵守法律法规和规章制度。

（4）员工主动听取有关遵守法律法规和规章制度的意见，并以坦诚开放的态度对待所提意见。

（5）员工帮助承包商理解和实践法律法规和规章制度所提倡的确保核安全的行为和行动。

C2 遵守程序：员工遵循流程、程序和工作指令。

（1）员工遵循程序。

（2）在工作之前，员工审查程序和指令，以确认它们适用于工作，并且在工作实施前确保要求的变更已完成。

（3）员工操作设备前首先获得适当的授权，且在已批准的程序或工作指令的指引下进行。

（4）员工确保正确地记录了工作活动的状况。

C3 责任意识：员工主动并正确理解和认识各自的核安全责任，并在支持核安全的行为和工作实践中体现责任意识。

（1）员工理解自身营造专业环境、鼓励团队合作及识别核安全潜在风险的职责。

（2）员工理解自身有职责提出核安全问题，包括他人发现的问题。

（3）员工对所承担工作的准备和执行负责。

（4）员工积极参加工前会，清楚自己在开工前有提出核安全方面问题的职责。

（5）员工积极接受培训，并具备执行所承担工作的资格。

（6）员工理解工作的目的、他们在活动中的作用以及他们自身对整体目标所负的安全责任。

C4 团队合作：员工之间以及工作组之间，对于部门内和跨部门的各类活动进行沟通协调，确保核安全。

（1）在工作中，员工表现出强烈的协作和合作意识。

（2）开展团队合作，进行互查、认证和培训，细化安全措施，积极帮带新员工，并分享工具和资料。

（3）员工努力遵守承诺，建立团队内部的相互信任。

第八章　培育学习型组织

学而时习之，不亦说乎？

——《论语》

"培育学习型组织"特征描述是：各组织要制定系统的学习计划，积极开展培训、评估和改进行动，激励学习、提升员工综合技能，形成继承发扬、持续完善、戒骄戒躁、不断创新、追求卓越、自我超越的学习气氛。

一、特征分析

（一）什么是学习型组织？

学习型组织的概念主要源自管理学者彼得·圣吉，他在其著作《第五项修炼——学习型组织的艺术与实践》一书中对学习型组织的描述如下："那里，人们为了创造自己真心渴望的成绩而持续拓展能力；那里，各种开阔的新思想得到培育；那里，集体的热望得到释放；那里的人们不断地学习如何共同学习。"而对真正"学习型"的、能持续开拓能力以实现自己最高理想的组织而言，有五项至关重要的技术，也就是圣吉提出的五项修炼：自我超越、心智模式、共同愿景、团队学习和系统思考。

国内有学者这样定义，所谓学习型组织，是指通过培养弥漫于整个组织的学习气氛、充分发挥员工的创造性思维能力而建立起来的一种有机的、高度柔性的、扁平的、符合人性的、能持续发展的组织。这种组织具有持续学习的能力，具有高于个人绩效总和的综合绩效。

（二）核安全文化与学习型组织

从圣吉对学习型组织的描述中不难发现，它所具备的特征也正是核安全文化所倡导的。事实上，在核安全文化的发展过程中也认识到了培育学习型组织的重要性，并将其作为重要因素考虑。

1. IAEA 认为学习型组织是安全文化的关键要素

2002 年 9 月，IAEA 出版了 INSAG–15《强化安全文化中的关键实践》，并在其中提出“承诺、程序的使用、保守决策、报告文化、挑战不安全行为和条件、学习型组织”以及“基础问题：沟通、明确的优先次序和组织”是安全文化的关键要素。这是首次在核安全文化中提出培育学习型组织的重要性。

为什么学习型组织是安全文化的关键要素？INSAG–15 中是这样理解的：“一个组织如果停止通过对标和获取最佳实践来寻求改进和产生新的想法，它就有滑坡的危险。学习型组织能够发掘各层次人员的想法、精力和注意力。通过确保改进取得的成效得到个人和团队的广泛认同，就能持续地强化安全，从而引发更高的承诺和对安全文化改进过程的认同。”因此，培育学习型组织是核安全文化培育和实践的一个关键，也是卓越核安全文化的一个重要特征。

那么核安全文化中的学习型组织是怎样的呢？INSAG-15 认为，包括以下几点：

（1）理想情况下，所有员工为改进主动参与出谋划策，并受到鼓励，意识到在安全方面世界水平的业绩对他们的工作意味着什么。他们做出贡献，不是因为要他们这样做，而是因为他们想这样做。

（2）组织应该给予员工与他人比较工作方式的机会，并支持和鼓励他们亲自实施所提出的改进措施。

（3）组织内部应当有一种机制，使经验和想法得到传播。

（4）组织应当建立正式的监控和反馈系统，使管理层能够了解实施改进的有效性，并确保组织保留“企业内存”，记住为什么要改进，又是怎样改进的。

（5）组织鼓励员工提出改进建议，鼓励员工进行团队协作，不断地通过确定优先行动的举措寻求改进，使安全在其工作领域得到强化。

此外，INSAG-15 中还提出了组织对学习的承诺需要考虑的问题：

（1）是否有让员工和相关承包商充分参与为改进而献计献策的机制？如果安全上没有问题，又有价值，是否鼓励他们自己来实施这些措施？

（2）作为个人和团队中的一员，员工是否有机会从外部组织学习最佳实践，是否被给予时间实现改进？他们是否被鼓励与同行交流想法并对自身的工作实践和业绩进行评估？

（3）学习过程的结果是否被反馈到安全管理和培训系统中，是否有机制确保对事件的“企业内存”得以保留？

（4）是否有系统可以让一线经理和其他独立于一线经理的人员以挑剔的眼光评价安全业绩，以试图识别组织的安全标准是否在下降或者自满情绪是否在蔓延？

然而，正如 INSAG-15 中所言，“因为没有鼓励引入新的想法和实践而导致安全业绩下滑的这一过程是不易觉察的。”因此，为了帮助识别，INSAG-15 中列出了安全业绩下滑的典型模式：

阶段 1：过于自信——这来自于过去的良好业绩、独立评估的赞扬和缺少依据的自我满足；

阶段 2：自满——在这一阶段，小事件开始在电厂出现，对这些事件所进行的自我评估，无论是单一的或整体的，都不够恰当以理解其意义。监督活动开始被弱化，自满导致一些改进计划被推迟或取消；

阶段 3：否认——否认阶段常常表现为，小事件的数量进一步增加，更重大的事件开始发生。然而，一种顽固的信条是，这些仍旧是孤立的个案。内部监查组织或自我评估发现的负面问题往往被认为是无效的而遭拒绝，根本原因评估制度未被使用或被弱化。纠正行动没有得到系统性地实施，改进程序不完备或者被提前终止；

阶段 4：危险——当一些潜在严重事件发生，而管理者和员工往往还是拒绝来自内部监查、监管机构或者其他外部组织的批评时，危险阶段就开始了。电厂形成这样一种认识，认为评审结果是有偏见的、对电厂的批评也是不公平的。结果，监督组织经常是沉默的，不敢作出负面的评价，也不敢与管理层发生冲突；

阶段 5：崩溃——崩溃阶段最容易识别。在这一阶段，问题对所有相关方已变得清楚，监管机构和其他外部组织需要进行特别会诊和深度评估。管理层不知所措，通常需要被撤换。通常不得不实施重大且代价惨重的改造计划。

需要注意的是，业绩下滑必须在前两个阶段得到识别，最晚不迟于第三阶段早期。

《增广贤文》中有句名言："学如逆水行舟，不进则退，不学则殆。"对于一个组织来说，如果停止学习和改进，滋生自满心理，就势必会退化，导致安全业绩下降。INSAG-15 中也同样提到，"改进是一个持续的过程"，培育学习型组织就是要拒绝自满，持续改进。

2. 美国 INPO 认为安全文化的特征之一是"持续学习"

美国核电运行研究所（INPO）在 2004 年发布的《健全的核安全文化原则》中将"倡导学习型组织"作为其中一大原则，提出要"高度重视运行经验，培育学习和应用经验的能力。通过培训、纠正行动和对标，来激励学习和提高业绩。"具体特征如下：

（1）组织要避免自满，培养不断学习的氛围，着重培育"事件可能在这里发生"的意识。

（2）通过培训加强宣贯管理标准和期望。除了传授知识和技能外，教员还要善于灌输核安全相关的价值观和理念。

（3）员工能从行业和其他核电厂的重大事件中获

得基本的经验教训，并承诺不再重犯类似错误。

（4）有效地使用根本原因分析方法，对事件进行分析，制定纠正行动计划并加以落实。

（5）制定程序来识别和解决组织体系中存在的可能弱项，避免事件的扩大。

（6）员工相信涉及核安全的问题必将得到持续的关注和解决。

2012年发布的《健康的核安全文化特征》将“倡导学习型组织”的内容分解到“持续学习”和“问题的识别和解决”两大特征中，提出“持续学习的机会被重视、寻求和付诸实施”“可能影响安全的问题被快速识别、充分评估，及时得到与它们的重要性相称的解决和纠正”。

其中，“持续学习”又包括以下4个属性：

CL.1运行经验：组织内及时地、系统地、有效地收集、评估、执行相关的从内部和外部的运行经验获得的经验教训。

CL.2自我评估：组织内部定期进行关于各领域、实践和绩效的挑剔的和客观的自我评估。

CL.3对标：组织持续与其他同行学习，不断提高知识、技能和安全业绩。

CL.4培训：高质量的培训可维持一支知识渊博的

员工队伍，并可加强维持核安全的高标准。

“问题的识别和解决”包括以下 4 个属性：

PI. 1 识别：组织执行“纠正行动程序”，识别问题门槛低。按照纠正行动程序，每个人识别问题是完整的、准确的、及时的。

PI. 2 评价：组织彻底评估问题，保证问题的决议和解决方案已反映问题的原因和其他扩展因素，并与问题的安全重要性相符。

PI. 3 解决：根据问题的安全重要性，组织采取及时、有效的纠正行动来解决问题。

PI. 4 趋势分析：本组织定期分析纠正行动和其他评估信息来总体评估不良趋势或状况。

这两份文件也得到了 WANO 的广泛推荐。

3. 我国关于“学习型组织”的实践

我国的核电行业在引入核安全文化相关理念的同时，也将“倡导学习型组织”“持续学习”等作为卓越核安全文化的重要特征之一，具体要求也与国际理念保持一致。

直到《核安全文化政策声明》发布，将“培育学习型组织”的内容明确为“各组织要制定系统的学习计划，积极开展培训、评估和改进行动，激励学习、提升员工综合技能，形成继承发扬、持续完善、戒骄戒躁、不断创新、追求卓越、自我超越的学习气氛。”即在核安全领域培育学习型组织应该致力于创造良好的学习环境和学习氛围，通过制定系统的学习计划、积极开展培训来为员工提供获取知识、提升综合技能、持续提高的机会，通过一定的激励措施来提高员工的学习积极性，通过评估和改进行动来促进组织的不断完善，在组织内形成继承发扬、持续完善、戒骄戒躁、不断创新、追求卓越、自我超越的学习气氛。

（三）培育学习型组织的特征要点

总结 IAEA、WANO 等国际组织和美国等核电国家在核安全文化中对学习型组织的相关理解，得出学习型组织的几个关键要点：“经验和想法的传递——培训”“避免自满——评估和改进”“提供比较的机会——对标”“鼓励”“纠正行动——问题识别和解决”“反馈机制”等。再对比我国《核安全文化政策声明》中对培育学习型组织的具体描述，不难发现已经基本涵盖了这些要点，且更为强调培育学习氛围的重要性，其中，“经验反馈体系”和“问题的识别和解决”在其他特征中进行了详细阐述，因此不在此特征中赘述。

综上所述，对培育学习型组织特征分析后，其要点主要有培训、评估和改进、对标、学习氛围。

二、属性研究

根据特征分析，“培育学习型组织”特征的4个要点是培训、评估和改进、对标、学习氛围。将这4个要点作为这一特征的重要属性，下面对这些属性进行更深入的分析研究。

D1 培训：制定系统的培训计划，全面提升员工的综合技能，系统地发展领导力，除了传授知识和技能外，注重法规标准、管理要求和核安全价值观的传播和宣贯。

培训的目的是要提升员工的综合技能，员工既包含普通的基层工作人员，也包含管理层和决策层；综合技能既包含电厂运行、维修等相关的操作技能，也包含管理和领导技能。培训要达到这一目的，首先就要制定系统的培训计划，关键是系统性，即培训对象要覆盖从基层到决策层、从运行人员到承包商的所有员工，培训内容要全面涵盖运行相关知识、领导和管理技能的培训。除此之外，通过法规标准、管理要求和核安全价值观的宣贯，能够加深员工对安全的理解，避免其因技能纯熟而产生懈怠心理。

D2 评估和改进：定期开展自我评估，适当开展同行评估和第三方评估，并根据评估结果采取恰当的改进措施。

评估和改进是避免自满，及时发现安全业绩退化早期迹象，提高组织各方面性能的重要手段。评估的方式有很多，自我评估是基础，在个人、团队、部门和整个组织内都可以开展，可定期进行，而同行评估和第三方评估可以作为辅助，通过独立的视角来提供更为客观的意见，应倡议开展。评估的内容也是多样的，可以跟踪安全绩效指标，可以对操作程序、管理程序等程序文件进行评估，也可以对实践过程进行评估，甚至根据组织自身的文化特点，对安全文化进行评估。评估必须坚持客观原则，要重视各方人员的意见和建议，综合考虑，客观评价，对提出意见人员要给予及时的反馈。评估的目的是为了改进，因此，评估之后应该采取恰当的改进措施，切实提高组织的各方面性能。

D3 对标：通过与其他单位的对标来激励学习，不断提高知识、技能水平和安全业绩。

对标管理是指企业以行业内或行业外的一流企业作为标杆，从各个方面与标杆企业进行比较、分析、判断，通过学习他人的先进经验来改善自身的不足，从而赶超标杆企业，不断追求优秀业绩的良性循环过程。对标是企业不断改进和获得竞争优势的重要管理方式，也是激励学习的一种重要方式。组织应该积极开展对标，给予员工充分参与学习的机会，通过对标，不仅可以提高知识、技能水平和安全业绩，还能有效避免自满，充分暴露自身不足，从而激励企业和员工不断学习。

D4 学习氛围：努力营造继承发扬、持续完善、戒骄戒躁、不断创新、追求卓越、自我超越的学习氛围。

除提供培训，进行评估和改进，通过对标激励学习外，组织还应该通过各种各样的方式和手段来改善学习氛围，激发员工学习的主动性和积极性，有效地继承发扬现有的经验和知识，鼓励学员为组织的持续完善出谋划策，营造一种戒骄戒躁、不断创新、追求卓越、自我超越的学习氛围。方式和手段很多，可以是高层的精神鼓励，可以是有形的奖励措施，也可以是固化的政策制度。在良好的学习氛围中，培训、评估、对标等 3 条属性也将发挥更好的作用，将学习促进安全的作用发挥到极致。

三、良好实践举例

D1 培训：制定系统的培训计划，全面提升员工的综合技能，系统地发展领导力，除了传授知识和技能外，注重法规标准、管理要求和核安全价值观的传播和宣贯。

(1) 采用系统化培训方法，制定系统、有效的培训计划，保证培训对象的全员性和培训内容的全面性。

(2) 员工和承包商工作人员都能得到充分的培训，以保证具备综合技术能力，并充分理解工作要求和相关法规标准。

(3) 决策层和管理层的领导和管理技能得到系统化培养。

(4) 决策层和管理层掌握单位所涉及领域的基本知识、组织职能和相互关系，为科学决策和实践奠定坚实基础。

(5) 培训注重灌输核安全价值观和安全管理期望。

(6) 利用员工和各领域专家的信息和反馈，持续改进培训。

D2 评估和改进：定期开展自我评估，适当开展同行评估和第三方评估，并根据评估结果采取恰当的改进措施。

（1）全面、有效地开展自我评估、同行评估、第三方评估，包括核安全文化评估，为持续改进提供客观依据。

（2）重视评估中各方面人员（包括质量保证人员、评估人员、独立监督人员和普通员工等）提供的意见和建议，并给予反馈。

（3）定期开展自我评估，涵盖程序、实践、安全绩效、核安全文化和自我评估流程本身等一系列主题。

（4）确保自我评估工作小组包括组织内的员工和领导，必要时可以包括组织外部人员。

D3 对标：通过与其他单位的对标来激励学习，不断提高知识、技能水平和安全业绩。

（1）将对标作为激励学习和获得核安全改进新理念的途径。

（2）对标学习的对象既包含核行业其他单位，也包括非核单位。

（3）利用对标寻求并履行最佳的业务实践和标准，从而提高安全业绩。

（4）员工积极参与对标。

D4 学习氛围：努力营造继承发扬、持续完善、戒骄戒躁、不断创新、追求卓越、自我超越的学习氛围。

（1）管理层鼓励员工终身学习，对学习表现突出者给予奖励。

（2）管理层鼓励员工提出改进安全、提高绩效和改善管理等各方面的建议，并给予适当奖励。

（3）除培训之外，制定其他有效的知识管理策略，继承和发扬现有知识和经验，例如有效使用经验反馈体系，挖掘典型事迹，树立先进榜样，促进员工间的相互学习等。

第九章　构建全面有效的管理体系

所谓企业管理就是解决一连串关系密切的问题，必须系统地予以解决，否则将造成损失。

——普赛尔

“构建全面有效的管理体系”特征描述是：营运单位应建立科学合理的管理制度。确保在制定政策、设置机构、分配资源、制订计划、安排进度、控制成本等方面的任何考虑不能凌驾于安全之上。

一、特征分析

（一）管理体系的概念

IAEA 定义管理体系（Management System）为：

管理体系是用于制定政策和目标并使这些目标能够以高效和有效的方式得以实现的一套相互关联或相互影响的组成部分（系统）。

管理体系的组成部分包括组织结构、资源和组织程序。

管理体系将一个组织的所有组成部分整合为一个综合连贯的系统，以使该组织的所有目标得以实现。这些组成部分包括组织结构、资源和程序。人员、设备和组织文化以及成文的政策和程序构成管理系统的各个部分。组织的程序必须满足对该组织的全部要求。

WANO 在《WANO 业绩目标和评估准则》中指出，其评估中所审议的管理体系涵盖大纲和流程，它包括但不限于旨在支持组织实现使命、愿景和目标的工作管理以及纠正行动、继任计划、健康和观察大纲。

我国现行的核安全法规中明确提出了科技研发、选址、设计、制造、建造、调试、运行、退役等各阶段对组织管理职能和质量保证的要求。

（二）对管理体系的要求

有效管理体系的涵盖范围非常广泛。对于一个组织来讲，建立一个有效的管理体系，需要将组织的结构、资源和过程，员工、基础设施和文化，以及成文的政策、过程等综合在一起加以考虑。这其中涉及决策层确立组织的宗旨，分配职责和授权，制定政策和要求，并为工作的执行、评价和改进提供资源，以及为确保管理体系的有效实施所采取的措施等。

管理体系应对实现组织目标的各项职责加以分配，并授权员工执行分配给他们的任务。各级管理者应对他们所负责的工作承担最终的安全责任，员工们应对分配给他们执行的工作，承担具体的安全责任。为了落实这种责任，每个员工在技术上应能熟练使用合适的器具、设备、工具和测试装置，并应明白无误地理解所承担的工作过程。

管理体系的实施需要各级管理者和全体员工的通

力合作。为使管理体系得以有效实施，必须进行策划并保证充足的资源配置。应对所有员工进行培训，使其获得相应的技能。应确保所有员工理解适用于他们所执行工作的管理过程。管理体系的有效性应该在实施的各个阶段进行审查和评价。评价所获得的信息应被用于工作业绩的持续改进。组织的管理体系应能支持和引导安全文化的培育，并致力于实现组织高水平的安全业绩。

IAEA 国际核安全咨询组提出了管理体系的两个总目标。一是通过在正常、瞬变和紧急工况下对安全相关活动进行规划、控制和监督，提高组织的安全业绩；二是通过在人员和团队中发展和强化良好的安全态度和安全行为，促进和支持强有力的安全文化，以使他们能够安全地执行任务。

我国 HAF103—2004《核动力厂运行安全规定》在核动力厂营运单位总的要求中提出，在建立营运单位组织机构时，必须考虑包括决策职能、运行职能、支持职能和审查职能在内的 4 大类管理职能。决策职能，包括确定管理目标、确定核安全和质量政策、分配财力、物力和人力资源、批准管理大纲内容、制定使员工状态胜任其工作的制度以及根据实现管理目标过程中的业绩对上述各项制定必要的修改计划；运行职能，包括在运行状态和事故工况下为核动力厂运行作出管理决定和采取行动；支持职能，包括从厂内外组织获得为执行运行职能所需要的技术和管理服务及设施；审查职能，包括对履行运行职能和支持职能的情况进行严格监察，并进行设计审查。监察的目的在于验证是否符合核动力厂安全运行的规定目标，发现偏离、缺陷和设备故障，并为及时采取纠正措施及进行改进提供信息。审查职能还包括对营运单位的整个安全业绩进行审查，以便评价安全管理的有效性和确定改进的可能性。

同时，在对核动力厂营运单位总的要求中还提出，核动力厂营运单位必须建立并以文件确定组织机构，以保证履行实现核动力厂安全运行的如下职责：

- 在营运单位内部划清职责并授予职权；
- 确定并验证管理大纲的满意实施；
- 提供充分的人员培训；
- 建立与国家核安全监管部门、其他有关部门以及地方政府的联络渠道，以处理好与安全有关的事宜；
- 建立与设计、建造、制造、核动力厂运行和必要的其他（国内和国际）组织机构的联络渠道，以保证传递信息、专门知识和经验以及响应安全问题的能力；

• 提供足够的资源、服务和设施；

• 提供适当的公众咨询和联络渠道。

HAD103/06—2006《核动力厂营运单位的组织和安全运行管理》则明确提出了核电厂营运单位的管理目标。营运单位的管理目标应保证：

• 批准的设计能使核动力厂安全运行；

• 核动力厂是根据设计建造的；

• 核动力厂按规定的技术规范进行试验，以验证已经满足设计和建造要求，并且核动力厂能按照运行限值和条件、设计要求运行；

• 核动力厂由足够数量经过处理异常情况（包括应急情况）培训的合格人员按照运行限值和条件、批准的规程及设计要求来运行和维修；

• 在正常运行和响应各种预计运行事件、设计基准事故和假想严重事故时，及时获得适当的设施和服务；

• 针对各层次的要求，对参加单位的安排是恰当和有效的；

• 对各种预计运行事件和事故工况的响应已作了恰当的安排，并已采取适当的措施来保护厂区人员和公众的健康与安全和保护环境。

持证单位管理体系的建立和运行符合法规标准的

要求是其基本的能力体现，只有通过管理体系的不断改进，才能提高持证单位的综合管理能力。

在对管理体系的内容进行分析后，对照《核安全文化政策声明》的描述，对持证单位，构建全面有效的管理体系的特征应该从组织机构、资源管理、过程控制、问题的识别和解决4个方面展开。

二、属性研究

通过特征分析，得出了“构建全面有效的管理体系”特征的4个要点，这些要点是培育良好的核安全文化所必需的要素，因此将它们作为这一特征的重要属性。

E1 组织机构：建立了责任清晰、分工明确的组织机构，以确保核安全。

HAF003—1991《核电厂质量保证安全规定》在“组织”一节中分别对责任、权限和联络；单位间工作接口以及人员配备与培训三个方面提出了要求。要求核设施营运单位必须建立一个由文件明确规定了职责、权限等级以及内外部联络渠道的组织机构，并在下游的相关导则对设计、采购、建造、运行等质量保证组织提出了更细化的基本要求。

IAEA 的 SCART 不评价和分析管理体系。IAEA 的核安全文化评估不能替代对核营运组织管理体系的全面审评。

NRC 在核安全文化评估中关注了以下两个与组织机构有关的方面：一是角色、责任和权利的划分，二是决策的过程及保守决策的应用。

结合 NRC 的评估经验以及近年来核安全监督检查结果的反馈，为确保核安全，要求持证单位组织机构的设置必须是责任清晰、分工明确。这包括三个层次：首先，决策层和管理层对岗位职责的设置必须是合理的、清晰的，能够明确执行并不存在交叉的情况。其次，机构的设置能够保证有关的安全决策过程是确实有效的。第三，全体员工对自身的岗位职责是清晰明了的，在遇到问题时，能够有效地解决。这就要求员工首先必须具备与岗位要求所适应的能力。其次，组织机构内有规章制度保证员工在处理问题时所应遵循的工作流程，在遇到问题时，不存在推诿责任和职责没有覆盖的情况。

E2 资源管理：人员、设备、程序和其他资源的管理能够对核安全提供足够的支持。

IAEA GSR Part 2《安全领导和管理》对“资源”的定义包括：人员、基础设施、工作环境、信息和知识、供应商以及物质和财政资源。即我们常说的6种资源管理：人力资源管理、基础设施管理、工作环境管理、财务资源管理、供方和合作伙伴管理、知识信息与技术资源的管理。GSR Part 2《安全领导和管理》对资源管理主要是从提供资源的角度进行阐述的。要求高管层必须确定并提供安全开展组织的活动所需的能力和资源。这主要包括：一是必须作出安排，以确保组织在内部拥有或保持获得开展其活动以及履行其确保在设施或活动寿期每个阶段和在应急响应期间的安全的职责所需的全部能力和资源。二是必须确保所有各级人员的能力与其所从事的岗位工作相匹配，并通过开展培训或采取其他行动以达到和保持所要求的能力水平，并确保工作人员了解其活动的相关性和重要性，以及他们的活动如何有助于在实现组织目标的过程中确保安全。同时，强调了对信息和知识也必须作为一种资源进行管理。

“决策层的安全观和承诺”“管理层的态度和表率”“构建全面有效的管理体系”3个特征涉及资源管理。其中，决策层的安全观和承诺强调的是持证单位的最高层级人员对整个组织安全运行的资源保障作用，而管理层作为下一层级的人员，在资源管理方面，更多地强调的是如何在资源配置方面保证组织的安全稳定运行。在本特征中，对资源管理重点关注的是一个组织的基层在资源支持方面的具体内容。主要从评估资源配备、资源需求的识别以及文件管理等方面进行关注。

E3 过程控制：工作的策划、实施和审查过程体现了安全至上的原则。工作风险得到有效的识别和管理。

中国的核电企业都经历了或者正在经历着质量控制——质量保证——质量管理——管理体系的过程，对过程的控制始终是各企业建立有效管理体系的关键之一。我国现行的核安全法规对过程的控制重点强调了文件控制、设计控制、采购控制、物项控制、工艺过程控制、检查试验控制以及对不符合项控制等几个方面。IAEA 在 GSR Part 2《安全领导和管理》中对“过程和活动的管理”强调的是“必须制订而且必须有效地管理过程和活动，以便在不危害安全的情况下实现组织的目标。”为此，IAEA 强调必须对每一过程进行管理，必须对过程记录。同时，必须确保过程的先后顺序和过程之间的接口以及相互配合的问题。编制新过程或对现有过程进行修改时，必须经过设计、验证、批准和应用的流程，而对安全可能有影响的每一过程或活动都必须在受控条件下依照易于理解、经批准的和现行的程序、指令和图纸进行。IAEA 对过程和活动的管理，其所强调的文件管理、产品控制、记录管理、采购等方面的内容与我国现行核安全法规相一致。NRC 在《安全文化共同用语》中对过程控制单独设立了一个特征，即“工作过程”［Work Processes（WP）］，在该特征中重点关注了在计划和控制工作活动的过程中如何保持安全，并提出了 4 个属性，分别是：工作管理、设计裕量、文件和遵守程序。INPO《健康的核安全文化特征》中所提出的属性与 NRC 完全一致。通过以上分析可知，不论是 IAEA、NRC、INPO，还是我国的核安全法规，在对过程控制的关注点上是一致的。因此，在对这部分内容进行分析时，在满足我国核安全法规基本要求的基础上，重点关注在工作的策划、实施和审查过程中，如何体现“安全第一”的原则，并在 PDCA［Plan（计划）——Do（执行）——Check（检查）——Action（行动）］质量循环的工作模式中，是否对工作的风险进行了有效的识别和控制。

E4 问题的识别和解决：对可能影响安全的问题及时识别，充分评估并及时解决和纠正。

当我们面临一个需要解决的问题时，一般要经历下列几个步骤：确定问题、定义问题、形成策略、组织信息、分配资源、监控和评估。需要对影响安全的问题及时进行识别和分析，并采取与之相适应的纠正行动。我们一般是围绕“识别问题——解决问题——评价问题——趋势分析”的模型来进行的。

首先，我们需要对发现的问题进行正确的理解和定义，而这离不开对相关法律法规、程序、标准的理解。只有当问题被准确识别后，才能采取有效的解决办法。问题一旦明确后，下一步就是要形成解决问题的方案。核与辐射安全的特殊性，决定了我们在解决问题的时候，不仅要彻底评价问题，还要在确定解决方案时，充分考虑了问题的直接原因和根本原因。与此同时，根据问题的安全重要性，不仅需要采取及时、有效的纠正行动来解决问题，还需要确定采取的这些纠正行动与问题的安全重要性相符合。从解决问题一开始，我们就需要对问题进行跟踪，看解决方案是否一步步接近了目标，并在整个过程中，不断对解决方案进行评估，纠正可能的偏差和错误，及时发现新问题，调整资源，形成新的方案。解决问题的知识经验越丰富，越有利于问题的解决，而积累知识经验的有效途径之一，就是进行有效的经验反馈。为避免问题的重复发生，也需要定期分析纠正行动和其他评估信息来总体评价不良趋势或状况，以此不断地提升核安全水平。

根据上述分析，这部分属性重点强调了员工对标准、偏差和相关的程序的理解与执行，以及作为经验反馈链条中对问题的识别、分类、分级和纠正行动有效性等内容的关注。

三、良好实践举例

根据上述特征分析和属性研究，形成“构建全面有效的管理体系”的18个良好实践举例。

E1 组织机构：建立了责任清晰、分工明确的组织机构，以确保核安全。

（1）决策层和管理层明确地规定了各级员工的责任、角色和权利，确保岗位职责得到落实，不存在交叉或遗漏的地方。

（2）针对复杂多变的情况，营运单位建立了一个明确的决策程序并严格执行。

（3）营运单位建立了相关制度，并能确保影响核安全的重要决定都是由合适的人在适当的最低级别做出。

E2 资源管理：人员、设备、程序和其他资源的管理能够对核安全提供足够的支持。

（1）资源配备满足核动力厂的优先顺序。

（2）资源需求如人员、资金、设备和零部件、信息等得到及时识别，且纳入到核动力厂计划中并加以满足。

（3）文件、程序和工作资料包完整、准确、易读、易辨认、易获取，并确保为最新版本。

E3 过程控制：工作的策划、实施和审查过程体现了安全至上的原则。工作风险得到有效的识别和管理。

（1）工作得到有效的计划和执行，并且风险认知、工作现场条件以及与不同工作组或工作活动之间的协调均得到统一考虑。

（2）适当地确定了工作的优先级别，工作过程考虑了应急计划、补偿措施和中断准则。

（3）领导考虑工作范围变更的影响并能及时将工作状态通知员工。

（4）工作过程能确保员工了解核动力厂状态、现场工作相关的核安全风险以及其他并行实施的核动力厂活动。

（5）日常工作和变更程序考虑了概率风险评估的结果。

（6）协调工作活动，解决矛盾冲突，将核安全作为全部生产活动的重中之重。

（7）工作过程应限制临时修改的情况发生。

E4 问题的识别和解决：对可能影响安全的问题及时识别，充分评估并及时解决和纠正。

（1）员工理解标准和偏差，熟悉相关纠正行动程序，能按照要求及时发现、记录和报告问题。

（2）管理层和员工根据问题的安全意义进行适当的分类、优先级划分和评估。

（3）管理层和员工及时开展根本原因分析，识别直接原因和根本原因，发现问题所在，确定与其安全重要性相匹配的措施，避免重复发生。

（4）持证单位对所发现的问题采取了及时有效的措施，纠正行动的延期得到有效控制。

（5）管理层和员工定期进行问题的趋势分析，并能从纠正行动和其他活动中获取提升安全的信息和经验。

第十章　营造适宜的工作环境

蓬生麻中，不扶自直。

——《荀子·劝学》

"营造适宜的工作环境"特征描述是：设置适当的工作时间和劳动强度，提供便利的基础设施和硬件条件，建立公开公正的激励和员工晋升机制；加强沟通交流，客观公正地解决冲突矛盾，营造相互尊重、高度信任、团结协作的工作氛围。

一、特征分析

工作环境是指员工周围的人和事物，人包括领导层、管理层和普通员工等，事物可以包括实体的办公设施，例如电脑、桌椅、办公室等，还可以包括规章制度、工作程序、福利补贴等设定。工作环境由多种元素组成，连接这些元素是通过日常工作、工作会议、工作汇报等活动。员工在工作环境中通过相互之间共同合作来完成工作，受到工作环境影响的同时，也在影响和改变着工作环境。对于任何团队工作的组织，适宜的工作环境是员工处于良好状态的基本保障。本特征以人性化办公为出发点，便利的条件、融洽的人际关系、畅通的信息交流等方面都能让不同层级的员工感受到舒适的工作氛围，有利于员工按时保质地完成任务。核电厂更是一种特殊的工作环境，核电工作人员也是受过特殊培训、拥有特殊技能的员工。针对核电厂工作的特殊性，比如高强度、放射性、倒班制，以及一旦发生事故的后果严重性等，适宜的工作环境显得尤为重要。

（一）工作时间和劳动强度

合理的工作时间首先要按照国家《劳动法》执行。《劳动法》中第三十六条规定“国家实行劳动者每日工作时间不超过八小时、平均每周工作时间不超过四十四小时的工时制度。”如需要员工延长工作时间，需要满足《劳动法》第四十一条“用人单位由于生产经营需要，经与工会和劳动者协商后可以延长工作时间，一般每日不得超过一小时；因特殊原因需要延长工作时间的，在保障劳动者身体健康的条件下延长工作时间每日不得超过三小时，但是每月不得超过三十六小时。”以及第四十三条“用人单位不得违反本法规定延长劳动者的工作时间。”在遵守法律规定的前提下，核电厂可以根据工作的特殊性和需求，安排员工的工作时间和轮班制度，以保证员工良好的工作状态。

（二）基础设施和硬件条件

基础设施和硬件条件是工作环境的重要组成部分，

也是工作的最基本条件。它们应该包括基本的办公设备，大到办公场所、培训设施、园区道路等；小到办公文具、电脑、打印机、软件等日常工具，要能够满足员工的工作需求。在设计和建造核电厂的阶段就应考虑整体规划，做好各类预算。

根据以上两节的分析，可以将“工作时间和劳动强度”与“基础设施和硬件条件”统一成“工作安排和设施保障”，构成“营造适宜的工作环境”特征的一个要点。

（三）激励和晋升机制

从工作环境的角度体现核安全的根本方针“安全第一”，要求全体员工，不管是领导层、管理层还是普通员工，都要将核安全放在工作中的首要位置。这在本书的“第五章 决策层的安全观和承诺”“第六章 管理层的态度和表率”以及“第九章 构建全面有效的管理体系”中都有提及。为了进一步鼓励员工关心核安全，要建立体现“安全第一”的公开公正的激励和晋升机制。激励是鼓励员工努力工作、保持热情和积极性的途径和方法，按照内部统一程序和规则进行，不暗箱操作，不违规越界。

（四）沟通交流

组织内的沟通和交流是员工之间获得信息、交换心得、相互帮助的桥梁。员工之间的相互交流应该是在各层之间的、多向的、全面覆盖的。领导层和管理层可以向员工下达命令，也可以问询工作状况、绩效等。员工也可以向上级报告工作中遇到的问题、提出改进建议和政策提议等等。

（五）解决矛盾

组织内部人与人之间由于种种原因难免出现矛盾。员工之间产生矛盾的原因有资源稀缺、信息不对等、工作环境变化等等，例如工作、技术、管理上的不同观点，业余时间对生活上某个方面存在分歧，甚至可能是日常工作的一些细节也会引发争执。日常工作中，管理层要注意维护团队关系，增加团队建设。员工自己要努力培养团队精神，减少对同事的偏见、歧视等情绪，尽量避免矛盾的发生。

（六）工作氛围

尊重是对他人的尊敬、敬重。对个人而言，尊重是一种美德；对团队而言，相互尊重是一种平等相待、良好氛围的体现。核电厂作为特殊的组织，内部相互尊重尤为重要，可以使得员工之间的关系和谐，团结紧密地共同为“安全第一”的根本方针努力工作。

信任在管理学上是对管理对象的期许及对其能力的肯定，从而获得积极正向的结果。从心理学上讲，信任是一种稳定的信念，维系着社会共同价值和稳定，是个体对他人话语、承诺和声明可信赖的整体期望。信任由一系列人的心理活动组成，受到个人情绪、外界因素、固有想法等种种因素的影响。适宜的工作环境应该使得员工能够感受到来自其他员工的信任。

合作是团队工作的重要形式之一。良好的团队合作可以使得员工发挥各自擅长的领域，达到整体工作效率最优化。

以上几个重要的因素，在组织内部协调完成，达到良好效果时，最终形成融洽的工作氛围。在这样的氛围中，每个员工都能在良好的状态下工作，维护并享有和谐的人际关系和办公条件，这是该特征整体层面良好的最终表现。

二、属性研究

根据特征分析，得出了“营造适宜的工作环境”特征的5个要点，因此将它们作为这一特征的重要属性，下面对这些属性进行更深入的研究。

F1 工作安排和设施保障：合理安排工作时间和劳动强度及基础设施和硬件条件，以保证工作效率和办公环境。

核电厂内的工作安排包括合理的工作时间以及适当的劳动强度。员工应当按照规定的工作时间工作，对规定之外的时间，管理层应当对加班的次数和时间进行严格限制。组织内部应有监督超时工作的汇报机制，及时监督领导和员工的工作时间和状态。员工应在良好的工作状态下工作，如果出现了健康状况，比如身体不适、生病、压力过大、焦虑等情形时应停止工作，避免出现过度劳累导致员工的健康问题以及可能带来潜在的安全隐患。良好的工作环境应该是能够既保证员工工作效率又要减少不安全因素。领导要主动关心员工的考勤和绩效，并且具有识别员工压力的能力，在意识到员工工作状态不佳时，及时采取措施。领导还应定期了解员工的工作状态，保证整体工作安排有效且合理。

实际运行过程中也要有专门的部门和人员负责保障工作，以确保所有员工都拥有良好的工作条件。另外，除了工作时间以外，员工还有一部分业余时间也在工作区，比如就餐、休息、社交等，这就要求还应满足员工的后勤保障，包括食堂、休息区、班车、宿舍、文娱设施等。这些要求也应该满足《劳动法》中第七十六条规定“国家发展社会福利事业，兴建公共福利设施，为劳动者休息、休养和疗养提供条件。”结合中国实际情况，国内现已运行和将要运行的核电厂大多设在沿海地区，远离市区，这就要求满足员工的基本物资保障，适当丰富业余文化生活。目前，我国许多核电厂为员工的工作和生活考虑周到，为他们提供福利，例如设计建造合理便捷的办公楼，便于部门和不同层级之间沟通交流；提供丰富健康的伙食和干净整洁的宿舍；在休闲文化区提供咖啡厅、羽毛球场等设施；每天提供多班通勤班车往返于生活区、办公区和厂区之间，方便员工出行；周五让住在市区的员工适当提前下班，减少花在交通上的时间等等。

F2 激励和晋升：建立体现“安全第一”的公开公正的激励和晋升机制，鼓励员工关心核安全。

公开要求满足员工看到公开透明的评选过程，从标准制定一直到最终结果。组织内应具备相应的传播方式向全体员工宣布奖励，这样员工才会通过努力工作、虚心学习来提高绩效，而不是走旁门左道来获得奖励。公正要求在评估每一个员工时平等对待，不应由于私人关系或个人利益出现偏袒和歧视等不公正情况。管理层应该依照组织内部的规定关注员工的绩效，整体掌握管辖部门绩效情况，并以公正合理的态度和方法评价员工的工作。出现不达标的绩效时应有能力进行客观分析和改进，也要及时听取员工意见。

另外，关心核安全相关问题是员工考核的重要因素，应将其纳入员工晋升的评定指标。将“安全第一”的根本方针融入组织的上上下下，让员工知道这种态度在工作中的重要性，并且有助于自己的晋升。

F3 沟通交流：加强各级员工之间的沟通和交流，包括上级对下级、下级对上级以及平级之间，在各项工作中保持信息畅通。

领导应以坦诚的态度面对员工提出的问题和反馈，并予以积极的回应，以不断提升组织内的管理制度。新老员工之间也可以形成良好的沟通机制，老员工向新员工传授知识和工作经验，新员工可以向老员工讨教问题。这样的交流同时还能增进团队的团结和默契，提高团队工作效率。

沟通和交流的方式可以是多种多样的，包括日常谈话、邮件、组会、工前会等方式。为了保证信息畅通，组织内部应该提供相应的设施和渠道，例如公告板、内部网、通讯简报等，让全员有一个沟通和交流的平台。组织内部应该有专门的部门或工作人员负责这个平台日常维护，并通过全体员工的监督和提议持续改进。举例而言，我国某核电厂为员工定期举办“经验分享会”。每期选出几位绩效优秀的同事，在会上和大家分享自己的工作经验。这样的活动在组织内部得到了广大员工的一致好评，大家在积极向优秀员工学习的同时也希望自己有机会能够登上讲台，和大家分享自己的故事。这样相互帮助、分享经验的沟通和交流方式让工作环境得到了良好提升。

沟通和交流的内容可以是技术、知识、管理等方面的信息，保持信息畅通可以及时更新各方面的工作状态，避免或减少差错，提高工作效率。另外，沟通和交流的内容也可以交流平时学习生活相关的内容，通过谈论业余爱好、日常生活等增进彼此的同事关系。

F4 解决矛盾：遇到冲突矛盾时，要以客观、公正、专业的方式解决。

当矛盾不可避免地出现时，管理层应以专业的方式客观、公正地解决。本着尊重矛盾双方，尊重客观事实的原则，不应对其中任何一方存在偏见或袒护。组织内部应该有一套完整的应对矛盾冲突的规章制度，管理层应按照该制度妥善解决矛盾。矛盾双方相应的领导应主动担负起责任，切实考察事情来龙去脉，了解客观事实，根据逻辑分析进行判断，及时采取措施以解决矛盾，维持员工间的和谐关系，最终达到维护良好工作环境的目标。领导对解决矛盾应具有相应的能力，员工也应该积极配合，而不是在原有基础上激化矛盾。如事件严重程度高于管理层职能范围，则应上报至决策层，以寻求更好地解决。对于已经发生的矛盾，全体员工应对其进行及时回顾，将自己经验教训反馈给管理层。管理层也应当适时建立相关档案库，组织定期总结学习，尽量避免同样的矛盾再次出现。

F5 工作氛围：员工相互尊重，各级员工都能感受到彼此的高度信任，组织内各工作组团结协作，工作气氛整体融洽。

整个核电厂内不同层级的每个员工都能感受到平等的相互尊重，不应由于职称、工作经验等因素受到不公平对待，这是健康核安全文化的体现。

管理层应该主动做出建立彼此信任的行为，通过采取措施让员工感受到更多的信任。除了稳定的运行情况外，在核电厂状态发生变化时，例如运作、维修、停堆等，员工之间的信任仍然应该能够得到维持。为此，相关信息需要及时传达到相关员工，以保证全体员工做好准备应对变化，并采取相应的行动以维护团队信任。

员工彼此需要做好自己分内的工作，同时需要配合管理层协调管理。核电厂作为一个跨部门合作频繁的组织，团队合作和相互协调尤为重要。

三、良好实践举例

F1 工作安排和设施保障：合理安排工作时间和劳动强度及基础设施和硬件条件，以保证工作效率和办公环境。

（1）管理层合理规定员工工作时间，限制加班。

（2）员工可以监督加班情况，并向管理者报告不合理的加班情况。

（3）观察并及时总结员工绩效，合理编制倒班日程表。

（4）管理层经过培训能够识别压力，并能说明员工或承包商可能存在严重压力的表现和过度劳累的情形。

（5）管理层关注并检查员工的考勤情况，尤其是运行和维修人员。

（6）管理层关注员工工作的物质环境，例如办公室、办公用品、餐厅、休息室、班车等是否便利，定期检查并及时做出改进。

F2 激励和晋升：建立体现“安全第一”的公开公正的激励和晋升机制，鼓励员工关心核安全。

（1）管理层按照公开公正的原则对员工的行为进行激励。

（2）管理层关注员工的绩效，分析绩效不达标的原因并进行改进。

（3）奖励制度包括关注安全相关问题，并且员工了解这一点影响晋升。

F3 沟通交流：加强各级员工之间的沟通和交流，包括上级对下级、下级对上级以及平级之间，在各项工作中保持信息畅通。

（1）各级员工之间保持及时、充分的交流，及时掌握各项信息，确保信息通畅，保障核安全。

（2）管理层以公正、真诚的态度积极响应员工的问题。

（3）具备有效的媒介交流方式以保障员工和管理者之间的信息交流，例如内部网、简报等。

F4 解决矛盾：遇到冲突矛盾时，要以客观、公正、专业的方式解决。

（1）员工相信矛盾能以尊重、客观和专业的方式及时得到解决。

（2）管理层、员工和承包商之间就曾经发生过的矛盾进行经验教训的总结。

F5 工作氛围：员工相互尊重，各级员工都能感受到彼此的高度信任，组织内各工作组团结协作，工作气氛整体融洽。

（1）来自不同部门的每个员工和不同级别的管理者都能够感觉到同等的尊重。

（2）管理层和员工能够感受或体会到相互信任。

（3）管理层在核动力厂内做出与员工建立相互信任的行为，得到下属的信赖。

（4）在运行或变更期间与相关人员保持沟通，使得整个核动力厂保持高度的相互信任。

（5）整体保持融洽的工作氛围。

第十一章　建立对安全问题的质疑、报告和经验反馈机制

问题的出现不是让你止步，而是给你指路。

——罗伯特·舒勒

“建立对安全问题的质疑、报告和经验反馈机制”特征描述是：倡导对安全问题严谨质疑的态度；建立机制鼓励全体员工自由报告安全相关问题并且保证不会受到歧视和报复；管理者应及时回应并合理解决员工报告的潜在问题和安全隐患；建立有效的经验反馈体系，结合案例教育，预防人因失误。

一、特征分析

“建立对安全问题的质疑、报告和经验反馈机制”这一特征从“问题”出发，包含了 3 个方面的内容：一是质疑的态度，二是注重安全的工作氛围，三是经验反馈。

（一）质疑的态度

质疑就是提出疑问。“质疑的态度”在核安全文化中的含义是：不断对现有状态和活动的正确性、合法性等提出疑问，以识别可能导致错误或者不当行为的偏差。

自满使人缺少质疑，是造成核事故的一个重要因素。IAEA 的《福岛第一核电厂事故——总干事的报告》写道，“促成福岛核事故的一个主要因素是，在日本，人们广泛推测，日本的核电厂非常安全，福岛这种量级的事故是不可想象的。这种假设为核电厂营运者所接受，也没有受到监管机构或者政府的质疑。结果，日本没有为 2011 年 3 月的严重核事故做好充分的准备。”所以，坚持质疑的态度首先要避免自满，具体来说就是：了解核能的特殊性，时刻警惕核能这种复杂的技术会以不可预知的方式失效。

IAEA 的 INSAG-4 强调：质疑的态度，加上严谨的工作方法，再加上沟通，这三项之和对于安全具有重大意义。因此，员工在质疑不明情况时，采用严谨的工作方法，立刻中断工作；在质疑不当之处时，勇于提出自己的观点，积极地与他人进行沟通。这些行为反映了质疑的态度和积极、正面的安全文化。

（二）注重安全的工作氛围

美国工程师海因里希在 1931 年出版的《预防工业事故，一个科学的方法》中提出了著名的“安全金字塔”（见图 11.1），意思是 1 件重大伤亡事故的背后，有 29 起轻伤事故，有 300 起无伤害虚惊事件，以及大量的不安全行为。

在核安全领域，每一起重大事故一般都伴随着一些造成一定影响的事件，以及大量未直接导致损害的

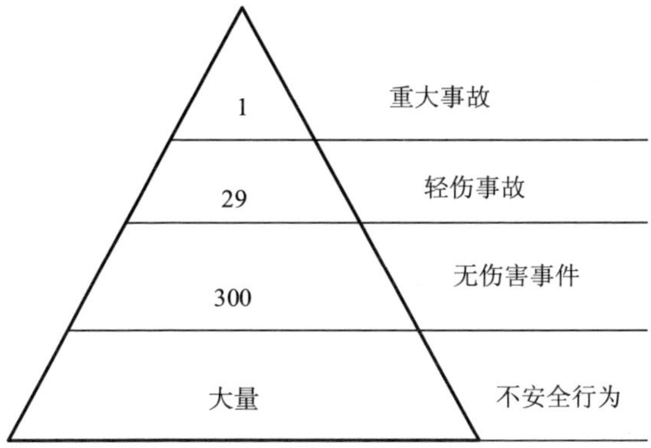

图 11.1　海因里希安全金字塔

低阶事件和险发事件，这也符合安全金字塔法则（见图 11.2）。

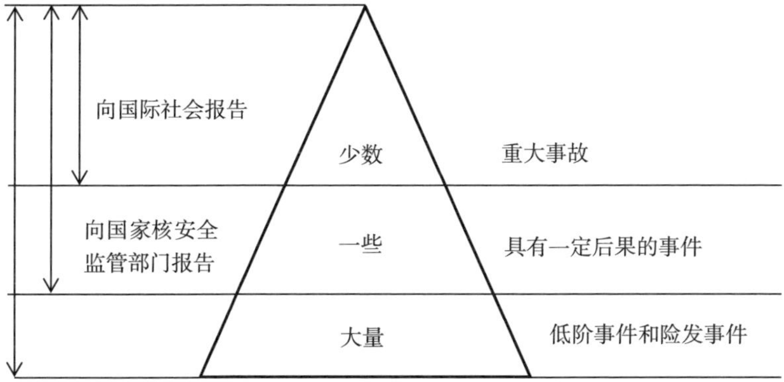

图 11.2　核安全领域的安全金字塔

在核安全领域，低阶事件是指，可能造成不良后果，但是由于存在一个或多个基于纵深防御原则设置的屏障，而没有发生不良后果的缺陷或者薄弱环节。险发事件是指，作为实际事件序列的后果可能会发生，但是由于当时占主导地位的电厂工况而没能发生的潜在重大事件。

这两类事件通常不太明显，但是它们能够为核电厂提供更多种类和数量的信息，使人察觉核电厂存在的薄弱环节，并为安全改进提供机会。因此，一个具有良好核安全文化的组织，非常重视低阶事件和险发事件，并将它们视为可用于避免更严重事件或事故的经验教训，在报告和处理所有可能具有启发性的问题方面，抱有强烈的积极性，愿意建立一种注重安全的工作氛围，鼓励所有员工自由报告安全关注事项，哪怕是非常微小的事项。

接下来便引出了“免责”这个重要的问题。员工愿意报告安全关注事项的前提是，他们不会受到不公正的对待或者责罚，并且确信他们报告的问题将会受到重视。所以，鼓励员工自由报告安全关注事项，就必须保证员工不会因为“报告”而遭到歧视或者报复，并且要及时、恰当地回应所有“报告”。

综上所述，“注重安全的工作氛围”包含两个要点：第一，员工可以自由提出安全关注事项并且不用担心遭到歧视或者报复；第二，员工报告的安全关注事项能够得到及时且恰当的回应。

这种开放并且有回应的报告问题、处理问题的方法，对核安全监管部门来说也同样具有重要作用。例如，营运单位按照核安全法规要求向监管部门报告的事件是有限的，导致监管部门在查找事件共因和进行趋势分析时常常缺少足够的样本。通过“自由报告安全关注事项”的方式，监管部门可以知晓营运单位更多的“失效”，并可能因此采取措施。“发展”和“监管”平衡的理念固然重要，监管者的这种“过度反应”看上去可能是抑制了发展，然而从长远的角度看，安全将由此切实地得到提高，“发展”也因此实现了可持续性。

（三）经验反馈

不论事故的严重性达到何种程度，都有可能出现先兆，并且在某种程度上这种先兆是可以被发现的，所以事故是可以避免的。基于此，一个具有良好核安全文化的组织，致力于从自身和其他组织中汲取经验教训，并采取恰当的措施，避免相同的事件重复发生。

如今，收集和分析运行经验的方法已经被核电厂营运单位以及核安全监管部门所熟知，随后引出的问题是，这些运行经验是否能够按照其安全重要性被使用？例如，尽管已经学习了经验教训，但是随着时间的流逝，这些经验教训被遗忘了；还比如，经验反馈的信息未能传达到基层员工；或者，组织没能严格实施改进行动计划。

所以，如何收集和分析运行经验，以及如何避免类似事件的重复发生，不是核安全文化“经验反馈”内容关注的焦点。本特征关注的是，运行经验信息是否被真正地用以促进安全。

综上所述，核安全文化中经验反馈内容的第一个要点是，建立有效的经验反馈体系，及时、系统地收集和评估内部运行经验和外部运行经验，并有效地落实。

值得注意的是，在我国核电厂运行事件中，人因事件的数量约占50%，并且在其他类型的事件中（如设备缺陷），人因失误也是重要的贡献因子。人因失误是指结果偏离了预期的目标或超出了可接受的限制条件，并产生了不良影响的人员行为。人偶尔犯错误是必然的，这一点是由人的本性决定的。人的失误虽然不可能完全避免，但是可以通过有效手段尽可能减少。其中，通过经验反馈体系，及时并定期地开展人因事件方面的教育活动，可以有效地预防人因失误。这就是核安全文化中经验反馈内容的第二个要点。

二、属性研究

通过特征分析，得出了“建立对安全问题的质疑、报告和经验反馈机制”特征的6个要点，这些要点是培育良好的核安全文化所必需的要素，因此将它们作为这一特征的重要属性。下面对这些属性进行更深入的分析。

G1 了解核能的特殊性：全员了解核能这种复杂的技术，会以不可预知的方式失效。

众所周知，经过验证的核电厂系统，依靠纵深防御各种措施并严格按照规程运行，能够保护工作人员和公众免受不当的辐射危害。由此，核电厂工作人员很容易形成这样的观念，“核电厂是安全的，会有其他人来保证安全的，别的电厂发生的事故都是例外，自己所在的电厂是不会发生这样的事故的。”

然而实践表明，核工业发生的很多事件和事故，都是因为员工缺少警惕性而没有采取适当的防护措施，或者是因为没有思考并质疑决策以及执行决策的步骤。所以，核电厂的每位员工必须意识到，人的认识是有局限性的，应当时刻对人为错误、固有风险和潜在问题保持警觉。

一个组织的外部状态和内部状态总是处于变化之中，决策层和管理层应该放眼全局，将组织作为一个整体，不断地评估其运行情况，并且进行质疑，以确保能够了解当前发生的事情和可能发生的问题。当决策层和管理层进行质疑并且鼓励其他员工也照此做时，质疑的态度将在整个组织内得到加强和巩固。

G2 质疑不明情况和不当之处：员工面对不明情况时中断工作，发现不当之处时提出自己的观点。

在实际工作中，不断评估自身的工作任务、工作规程和工作场所，以识别不符合要求的事项和发生偏离的情况，是每一位员工的职责。经验表明，当面临不确定的情况时，最好的办法就是停止工作，并与团队共同研究，运用团队的集体智慧和经验处理问题。必要时联系有关专家，并在采取行动前评估所有风险，不允许不确定的事情不受控制地进行下去。

能够做到上述内容并非易事，尤其是当组织面对营运压力的时候。然而此时也正是体现一个组织坚持“安全第一”方针、具有良好核安全文化的时候。

从众心理是一个特别需要关注的问题。有的员工对某项事情持有不同的看法，但是由于害怕被团队中的其他人孤立，而不愿意说出自己的想法。如果具有这种心理的员工很多，组织就会出现从众现象，这对于核安全来说是有害的。

一个具有良好核安全文化的组织，鼓励员工在发现某项决策没有充分考虑核安全或者有悖于核安全的时候，勇于提出质疑，并且管理层十分重视员工提出的这些不同意见。如此，组织就可以避免从众现象。

G3 注重安全的工作氛围：组织执行一种注重安全的政策，使得员工自由提出安全关注事项并且不用担心遭到歧视或者报复的权利和义务得到了有效维护。

营造一种注重安全的工作氛围，是核安全文化的重要属性。组织应当告知员工可以通过何种渠道提出安全关注事项，例如与他们的主管进行讨论，或者填写《状态报告》。必须认识到，一些员工不是在任何时候都乐于通过一般渠道提出安全关注事项（例如有些员工不愿意向他们的直接领导报告）。从安全的角度看，不能阻断任何一种提出潜在安全问题的渠道。

所以，组织应当努力营造这样的一种氛围：对于直接向自己的上级提出安全关注事项，员工感觉是自由的；同时确保提出、处理安全关注事项的其他渠道是畅通、可靠和有效的。提出安全关注事项的其他渠道，可以是一个直接向更高级别管理人员提出安全问题的开放性政策，也可以是一个由调查专员收集意见的程序，还可以是一个员工报告安全关注事项的程序。

如果员工因为提出安全关注事项而遭到歧视或者报复，这不仅会使当事人陷于艰难处境，也会使其他员工由此产生“提出问题会招来报复”的观念，员工的这种情绪对核安全是有害的。

所以，组织应当明令禁止对提出安全关注事项的员工采取任何恶意的报复行为。若还是发生了这种报复行为，那么恰当级别的管理人员必须参与对该行为的调查工作。

G4 响应安全关注事项：迅速审查员工提出的安全关注事项，并给予及时的反馈。

如果领导对员工提出的问题漠不关心，或者领导表面很重视，却迟迟没有对该问题给予恰当的处理和回复，那么员工提出安全关注事项的积极性将会受到严重打击，同时其他员工也会对“提出安全关注事项”失去热情和信心。这种情况对核安全是极为不利的，所以在一个注重安全工作氛围的组织中，领导通常会重视提升员工在安全关注事项处理方面的信心。

其实，没有一个人真正想犯错误，人的内心都是想少出差错。基于此，决策层和管理层应当建立一种免责的氛围，鼓励员工报告自己的问题。

需要特别说明的是，“免责”并不是对任何事件的当事人都不进行处罚，蓄意破坏或者故意违反正确、可理解并可操作的规程，这样的行为必须予以处罚。免责的正确含义应该是不轻易责罚，即组织的决策层和管理层关注的焦点，不是归咎责任或是纠正某个人的错误行为，而是找出问题发生的深层次原因，避免这类问题的重复发生。

G5 经验反馈体系：对内部运行经验和外部运行经验进行及时、系统的收集和评估，并给予有效的落实。

实践证明，在提高核电厂安全水平的各种努力中，经验反馈是一项极为有效的措施。所以，拥有良好核安全文化的组织会制定一个专门的正式程序，对内部运行经验和外部运行经验都进行全面的审查。

前文中已经提到，尽管组织建立了收集、分析运行经验信息的程序，但是可能缺少后续的有效行动来防止在自己的组织中发生相同的事件。所以核安全文化强调，组织应当通过改进程序、设备和培训大纲，有效地落实运行经验，防止安全相关事件再次发生，以达到保持和改进运行安全的目的。

人们常常低估某些风险而高估自己的掌控能力，认为“这种事不可能发生”或“这种事不可能发生在我身上”。这样的想法是一种不安全的意识。所以，具有良好核安全文化的组织应当将经验反馈信息贯彻到组织的基层，使员工在履行日常工作时自发地使用运行经验，提醒自己“这里有可能发生类似的事件”。

核电行业的特点之一是，一荣俱荣，一损皆损。只有所有组织都及时地向其他相关组织发布经验反馈信息，确保改进安全的良好实践在行业内得到共享，才能保证整个行业的可持续发展。

G6 预防人因失误：及时并定期开展人因方面的教育活动，使员工在执行工作时有效预防人因失误。

结合案例教育，预防人因失误，是核安全文化的重要属性。具体表现为：组织的决策层起带头作用，结合重要的人因事件及时进行宣讲，并在各种场合以这些事件为例，不断地提醒全体员工。管理层以日常的经验反馈工作为基础，选取人因事件，定期开展教育培训活动，确保员工能够意识到自身工作中存在的人因风险。需要注意的是，人因方面的教育活动不仅仅涉及一线工作人员，而是要覆盖整个组织的所有层级和所有人员。

目前，已有多种防人因失误工具在核电厂中广泛应用。具有良好核安全文化的组织，注重建立预防人因失误的实操训练室，并为其提供充足的资金和人力，对员工使用预防人因失误工具的技能进行训练。员工通过这种训练，能够掌握预防人因失误的技能，并在实际工作中加以运用。

三、良好实践举例

以上述特征分析和属性研究作为基础，形成“建立对安全问题的质疑、报告和经验反馈机制”的33个良好实践举例。

G1 了解核能的特殊性：全员了解核能这种复杂的技术，会以不可预知的方式失效。

(1) 即使在很有把握圆满完成任务的情况下，全员仍然避免自满，对人为错误、固有风险和潜在问题保持警觉。

(2) 影响反应堆反应性的活动是在有专人监护且格外谨慎的情况下进行的。

(3) 员工了解放射性产物、堆芯能量聚集和衰变热等核能特有的危害，并了解维持堆芯冷却、乏燃料冷却等专设安全设施功能的特殊重要性。

(4) 决策层要求管理层充分了解并恰当处理降级状况，尤其是核安全设备质量降级的状况。

(5) 管理层对各工况中出现的异常盘根问底，以了解可能造成的影响和后果。

G2 质疑不明情况和不当之处：员工面对不明情况时中断工作，发现不当之处时提出自己的观点。

(1) 管理层强调下述期望：员工应一次把工作做好，当遇到不确定的情况时寻求指导，遇到非预期的状态时中断工作。

(2) 员工将非预期的运行状态告知主控室。

（3）员工遇到非预期的异常状况中断工作，与上级领导沟通，待评估并控制风险后再继续工作。在适当的时候向系统专家和设备专家咨询。

（4）员工在工作文件表述不清或者无法按其操作的情况下中断工作，直到问题得到解决。

（5）员工认为某项决策没有充分考虑核安全或者有悖于核安全时，进行质疑。

（6）在评估核安全相关事项时，管理层鼓励和重视不同的意见，避免出现从众现象。

G3 注重安全的工作氛围：组织执行一种注重安全的政策，使得员工自由提出安全关注事项并且不用担心遭到歧视或者报复的权利和义务得到了有效维护。

（1）员工自由提出安全关注事项，并且不用担心遭到歧视或者报复。

（2）决策层提出并强调“建立和维护注重安全的工作氛围”的期望。

（3）政策或者工作程序强调员工提出安全关注事项的权利和义务，明确管理层营造“自由提出安全关注事项的工作氛围”的职责。

（4）员工接受相关培训以知晓：“歧视”和“报复”等妨碍提出安全关注事项的行为是违反政策且是不能被容忍的。

（5）对所有因提出安全关注事项而遭到的“歧视”和“报复”行为进行调查，并及时采取纠正行动。

（6）提出安全关注事项的渠道，运作简练且不受管理层级的限制。

G4 响应安全关注事项：迅速审查员工提出的安全关注事项，并给予及时的反馈。

（1）员工在提出安全关注事项之后，能够收到及时的反馈。

（2）员工对于自己提出的安全关注事项能够得到恰当的处理有信心。

（3）政策或者工作程序中明确，管理层应当尊重并及时回应提出安全关注事项的员工。

（4）管理层接受相关培训以按照工作程序接收员工提出的安全关注事项，并确保安全关注事项能够得到及时、恰当的处理。

（5）决策层和管理层强调“不轻易责罚”的氛围，鼓励自我报告。

（6）处理安全关注事项的人员具备相应的能力。

G5 经验反馈体系：对内部运行经验和外部运行经验进行及时、系统的收集和评估，并给予有效的落实。

（1）具备对内部运行经验和外部运行经验进行全面审查的专门程序。

（2）管理层通过改进程序、设备和培训大纲，有效地落实运行经验并将其制度化。

（3）决策层将运行经验反馈体系视为保持和改进运行安全的重要工具。

（4）员工在履行日常工作时使用运行经验，提醒自己“这里有可能发生类似的事件”。

（5）及时向员工和其他相关组织发布经验反馈信息。

G6 预防人因失误：及时并定期开展人因方面的教育活动，使员工在执行工作时有效预防人因失误。

（1）决策层针对近期发生的重大人因事件，迅速开展教育活动，并以此为例不断地强调和告诫。

（2）管理层从运行经验中选取人因事件，对员工定期开展教育活动，使员工了解与其自身工作相关的人因因素。

（3）决策层为人因实验室提供充足的资源。

（4）员工通过参加人因实验室的训练规范行为，并提高对人因失效征兆的识别能力。

（5）员工掌握预防人因失误的技能，并应用于实际工作中。

第十二章　创建和谐的公共关系

我们沟通得很好，并非决定于我们对事情述说得很好，而且决定于我们被了解得有多好。

——安得鲁 S · 葛洛夫

“创建和谐的公共关系”特征描述是：通过信息公开、公众参与、科普宣传等公众沟通形式，确保公众的知情权、参与权和监督权；决策层和管理层应以开放的心态多渠道倾听各种不同意见，并妥善对待和处理利益相关者的各项诉求。

一、特征分析

福岛核事故激发了公众对核的关注，事故后部分公众“谈核色变”。随着公众对核的认知和权利意识的增加，对核安全相关问题的诉求越来越强烈。自媒体工具的蓬勃发展，使得人们能够更加便利和直接地获取信息，使得人人都是发声工具，这导致社会话语权出现自上而下的转移，社会舆论呈现多极化和碎片化趋势。在这样的大背景下，与公众建立有效而良好的沟通，建立良好的公共关系愈发重要。已有调查显示，公众的接受度已经成为制约核电发展的重要因素。一旦处理不好，不仅可能会产生强烈的社会反响，还可能影响核能的未来发展。因此，创建和谐的公共关系既是培育和实践核安全文化的重要方面，也是评估核安全文化状态的重要指标。既然要努力创建和谐的公共关系，则必当先行明晰其意之所指。

（一）概念和内涵

在《核安全文化政策声明》的表述中，“和谐”“公共关系”“公众沟通”“利益相关者”等名词和论述是以往的核安全文化研究中不常涉及的。因此，在对特征进行深入研究之前，需要先研究这些词汇和论述的概念和内涵。

1. 公共关系

20 世纪 80 年代，公共关系理论传入我国。但至于公共关系的定义，不同学术流派各执一词，如管理职能说、传播说、传播管理说、咨询说、形象说、关系管理说等等。综合各种学说发现，公共关系工作包含几个必需的关键要素，即工作的主体、工作的客体、主体和客体建立关系的手段和方式、工作的目标。主体当然是组织或机构，如企业、政府、社会团体等；客体是公众，可以是普通的个人，也可以是组织或团体；主体和客体之间建立关系的手段和方式，一般是指两者之间的沟通和互动，很多时候体现在信息流的传递上；工作的目标是指主体希望与客体建立何种关系，一般都是好的期望。从公共关系工作的出发点和具体实践来看，大多主体都希望塑造一个良好的形象，希望赢得客体的好感和信任，进而为自身的根本任务或目的服务。

2. 和谐

“和”者，和睦也，有和衷共济之意；“谐”者，相合也，有顺和、协调、无抵触、无冲突之意。“和谐”即表示各种关系的配合协调、相生相长，形成一种适当的均可接受的良好状态。和谐的公共关系则可认为是一种各方在都能够接受的状态下安然处之的关系。

3. 公众沟通

公众沟通就是与公众的沟通。公众也即是公共关系工作的客体，可能是一个自然人，也可能是一个组织或者机构。公众沟通便是希望通过一定的方式和方法与公众就某一事项进行沟通，以期达成共识，并赢得公众的信任。

4. 利益相关者

根据 IAEA 的定义，利益相关者是指在特定的议题或决策中有特殊利益的团体，包括普通公众。利益相关者有两种类型：内部相关者和外部相关者。内部相关者是参与了决策制定过程的；外部相关者是最经常受到项目潜在结果影响的，可能是直接的影响，也可能是情感上的影响。这两类利益相关者的参与对达到项目目标是必不可少的，对核安全也有实质性的贡献。

结合对上述词语的理解，可以分析《核安全文化政策声明》对“创建和谐的公共关系”的具体要求。首先，《核安全文化政策声明》期望在核安全文化的培育和实践过程中，能够与公众建立一种协调配合、各得其所的关系，并能够获得公众的理解、认同、信任和支持。其次，建立这种关系的途径有两种：一是公众沟通，二是妥善处理利益相关者的诉求。公众沟通的方式包括信息公开、公众参与、科普宣传等，意在确保公众的知情权、参与权和监督权；决策层和管理层要有开放的心态，能够倾听不同的意见，并能妥善对待和处理利益相关者的各项诉求。再次，对于一个组织（如核设施的营运单位）而言，建立期望的公共关系也分为两个方面，即内部的和外部的，因之利益相关者有内外之别。

即便理解了《核安全文化政策声明》的要求和期望，具体开展也将面临较大的难度，所以需要根据实际情况考虑其对象和范围。

（二）对象和范围

《核安全文化政策声明》以“创建和谐的公共关系”强调了培育核安全文化的环境氛围。然而，即便如前理解了《核安全文化政策声明》的含义和实质要求，但仍然是复杂而抽象的，要想对核安全文化的状态做出衡量和判断，必须先解决一些基本问题。

首先，虽然理解“和谐”的状态，但它更多的是一种感觉，并没有一种可以量化的表征和要求。这种公共关系又是双向的，是否和谐需要双方的共同认可。就如同人际关系，甲认为与乙的关系很好，乙却可能认为与甲的关系不好，则甲乙关系具体如何只能自说自话，外人很难评断。那么，是否应该将公众纳入核安全文化培育和评估过程？若纳入，则培育和评估的深度、广度及评估方法当如何？若不纳入，则应如何对关系状态作出判断？

其次，“公共关系”不仅仅包括企业与周边居民的关系，还包括与当地政府、有关的管理部门、新闻媒体、其他组织等机构的关系，在自媒体蓬勃发展的当下，还可能需要处理许多意想不到的关系。这些关系涉及范围广，又错综复杂，如何既便捷、有效地评估它们的状态，又不脱离核安全的主题，是极大的难题。

再次，没有合适的文件可供参考。IAEA、NRC、INPO 等机构在核安全文化中并没有涉及公共关系的专门内容。这对切实、可行、有效地进行针对和谐公共关系的核安全文化培育评估提出了很高的要求和难度。

若要解决上述问题，必须先明确初衷和对象，进而划定相对清晰的范围。

对象，必然是行业内的企业，尤其是运营核设施的企业，比如核电厂的营运单位。评估的初衷和主要目的是，通过评估企业的行为和态度，促使企业以更加规范化、制度化的方式安全地运营核设施，促使企业形成核安全第一的氛围，积极主动地改进和提升安全水平。评估的立足点应该在评估对象（企业）上，具体的评估内容也应紧紧围绕企业的行为和态度。基于此，评估中便可以限定在考察企业对创建和谐的公共关系是何种态度，以及为此做了何种努力的范围内，而避免陷在从各个关系相对方的角度评价关系真实状态的泥沼里——如前所述，因为这样的公共关系的真实状态也的确难以衡量。

要紧紧围绕《核安全文化政策声明》中公众沟通的主题。无论是确保公众的知情权、参与权和监督权，还是倾听不同意见处理利益相关者的诉求，都要以公众沟通为基础。沟通是建立良好关系的基础和开端。一般而言，核安全公众沟通包括信息公开、公众宣传、公众参与和舆情应对 4 个方面。

至于具体内容，虽然在国际国内都没有借鉴和参考，但可以以法律法规的要求为基础，参考一些研究成果，并结合国内已有的良好实践经验来分析、总结和提炼。此外，公众沟通工作在核领域可能突出，但绝不是核领域所独有。在自媒体发展导致舆论分化、公众认知程度和权利意识不断增强的大背景下，许多行业都面临着加强公众沟通工作的问题，所以社会各领域的良好实践也都可以为我所用。

（三）法律法规的要求

关于核安全公众沟通工作的法规要求主要体现在核安全法规、文件，环境法规、文件，以及政府信息公开条例等法律法规文件中。

对于公众沟通工作提出要求的核安全法规、文件主要有《中华人民共和国放射性污染防治法》《核电厂核事故应急管理条例》《环境保护部（国家核安全局）核与辐射安全监管信息公开方案（试行）》（环办函〔2011〕355 号）、《关于加强核电厂核与辐射安全信息公开的通知》（国核安函〔2011〕45 号）、《关于加强核与辐射安全公众宣传与信息公开工作的通知》（环办〔2012〕115号）等。

《中华人民共和国放射性污染防治法》的规定仅限于在放射源丢失、被盗和发生放射性污染事故后将有关信息告知公众，以及对公众进行放射性污染防治的宣传教育。《核电厂核事故应急管理条例》规定的信息发布主要局限于发生核事故的时候，公众宣传的覆盖范围局限在核电厂附近的公众。

《环境保护部（国家核安全局）核与辐射安全监管信息公开方案（试行）》明确了核与辐射安全监管信息公开工作的组织体系和职责分工、公开范围和方式，但适用对象是政府部门而非企业。

《关于加强核电厂核与辐射安全信息公开的通知》要求核电厂制定核与辐射安全公开方案，明确组织体系及职责分工，列出了需要公开的内容清单等等；规定核电厂还应该制定公共宣传方案，安排专门人员搜集舆情动态等。该通知的适用对象是核电厂。

《关于加强核与辐射安全公众宣传与信息公开工作的通知》明确了核与辐射安全公众宣传与信息公开工作的任务，要求推动这两项工作的规范化，要求加强这两项工作的组织领导。通知还涉及了信息发布和舆情监测的少部分内容。该通知的适用对象也是政府部门。

对于公众沟通工作提出要求的环境法规、文件主要有《中华人民共和国环境保护法》《中华人民共和国环境影响评价法》《环境保护行政许可听证暂行办法》《环境信息公开办法（试行）》《环境保护信息公开指南》等。

《中华人民共和国环境保护法》对公众宣传、公众参与、政府环境信息公开、企业环境信息公开、公众参与建设项目环境影响评价、举报、环境公益诉讼、不依法公开环境信息的法律责任诸多方面作出了规定。

《中华人民共和国环境影响评价法》主要对公众参与建设项目的环境影响评价作出了诸多规定，如参与的方式、公众意见的处理等。

《环境保护行政许可听证暂行办法》对环境保护行政许可听证的原则、适用范围、听证程序等都作了比较具体的规定，保证了公众质证、申辩等参与权利。

《环境信息公开办法（试行）》等规定了环境信息公开的组织机构职责、公开范围、公开方式、公开程序等，主要适用于政府部门。

《中华人民共和国政府信息公开条例》是我国第一部有关信息公开的法规，是信息公开领域基本的法律依据。该条例规定了政府信息公开的主体及职责、公开的原则和范围、公开的方式和程序、监督和保障等方面的基本内容。

上述法规并不能完全适用于企业的公众沟通工作，但其中的一些制度设计和要求主旨却可以为企业提供工作参考。从这些规定中，也能体会出核安全文化培育和评估的重点方向。

二、属性研究

如前所述，创建和谐的公共关系的重要形式是与公众进行有效的沟通和互动。我们可以从理清沟通的基本逻辑入手，分解出该特征的属性。

第一步，沟通的基础应是倾听和了解公众的诉求，让沟通有的放矢。这既包括主动去了解，也就是企业自发地从各种渠道或与公众接触来了解公众的想法、意愿、忧虑和建议等等；又包括被动接受，也就是在公众主动通过各种方式向企业表达自己的想法、意愿、忧虑和建议时，企业能够及时接收到这些信息。总之，就是公众对核安全的诉求能够顺利反馈到企业。第二步，只有理解和掌握了公众的诉求，才能更有针对性、更有成效地给予回应。这便是沟通的基本过程，也是企业开展公众沟通工作的主体部分。第三步，沟通是双向的。既然要考察沟通的效果，就要考察沟通对象对沟通的满意程度，以及沟通所及问题是否得到解决，也即考察公众对其诉求得到满足的程度。根据对象和范围的设定，这一点从企业角度来考察。

公众沟通是创建和谐公共关系的重要部分，但却不是全部。实践表明，有些企业主动承担社会责任，力所能及地为厂址所在地周边居民解决就业等民生问题，取得了不错的社会反响，也赢得了当地居民的赞赏和拥护。因此，企业与当地居民在核安全问题之外的互动情况，也应是其在创建和谐的公共关系方面做出努力的重要落足点。

据此，根据沟通的基本过程和要素，以及已有的良好实践，可以提出创建和谐的公共关系的 4 个属性：

H1 了解公众诉求：公众对核安全的诉求能够反馈到企业。

根据前文的分析，可以从两个方面来了解公众诉求。一方面是企业建立一定的机制，主动收集公众对于核安全的诉求。另一方面是公众通过一定的渠道或平台向企业反映自己的诉求，而企业建立这样的平台则能为公众提供更多便利。

H2 公众沟通：开展公众沟通工作，及时有效地回应公众诉求。

回应公众诉求的方式有很多种，概括起来主要是信息公开与发布以及公众宣传。一些法律、法规和规范性文件对此提出了一定的要求，大多企业也开展了相关的工作。

H3 公众沟通成果：在一定的时间跨度内，公众沟通工作取得了一定的效果。

主要是从企业角度，通过公众沟通工作取得的成果从侧面考察公众诉求的满足程度。如果一定的时期内，公众沟通的工作量减少、收到的负面的公众意见减少、没有发生有重大影响的事件，那么可以认为公众沟通工作取得了一定的成果和效果。

H4 企业的社会责任：企业主动承担社会责任，做了更多造福厂址周边居民的事。

该属性虽然与核安全没有直接的关系，也不是企业的必然义务，但目前已有一些企业主动与当地居民共享发展成果，并取得了不错的反响。

三、良好实践举例

H1 了解公众诉求：公众对核安全的诉求能够反馈到企业。

（1）决策层制定或批准了适用的舆情监测制度，

明确了开展该项工作的部门和职责分工，掌握公众关心的问题。

（2）建立、维护并完善适用的渠道或平台，使得公众能够顺畅地反映诉求。

（3）组建了专职或兼职的舆情监测人才队伍，并不断提高自身能力。

H2 公众沟通：开展公众沟通工作，及时有效地回应公众诉求。

（1）决策层根据国家的法律、法规以及管理部门的要求制定了企业级的公众沟通制度和方案等，并明确了公众沟通工作的执行部门和职责分工。

（2）管理层和相关员工根据职责要求，及时开展公众沟通工作。

（3）组建了专职或兼职的公众沟通人才队伍，并不断提高自身能力。

（4）充分运用各种传统的和新兴的工具开展工作。

（5）用于公众宣传的材料易于公众理解和接受，并能够及时更新。

（6）有专门的人员负责对外发布信息，且该人员接受了充分的培训。

（7）员工理解公众沟通的必要性和重要性，并且知道本厂与公众沟通的渠道和平台。

H3 公众沟通成果：在一定的时间跨度内，公众沟通工作取得了一定的效果。

（1）在公众反馈的问题和意见中，负面问题和意见的占比呈下降趋势。

（2）没有发生具有一定社会影响力的群体性事件或网络舆情事件。

H4 企业的社会责任：企业主动承担社会责任，做了更多造福厂址周边居民的事。

（1）决策层和管理层经常关心核动力厂厂址所在地的就业、基础设施建设等民生问题，关注当地居民除核问题之外的利益需求。

（2）决策层和管理层通过具体项目切实为解决关乎当地居民切身利益的问题做出了贡献。

参考文献

［1］全国人民代表大会常务委员会. 中华人民共和国放射性污染防治法. 2003.

［2］全国人民代表大会常务委员会. 中华人民共和国劳动法. 2009.

［3］全国人民代表大会常务委员会. 中华人民共和国环境保护法. 2014.

［4］全国人民代表大会常务委员会. 中华人民共和国国家安全法. 2015.

［5］全国人民代表大会常务委员会. 中华人民共和国环境影响评价法. 2016.

［6］国务院. 中华人民共和国政府信息公开条例. 2007.

［7］国务院. 核电厂核事故应急管理条例. 2011.

［8］国家核安全局. 民用核设施安全监督管理条例实施细则之二——核设施的安全监督. 1995.

［9］国家核安全局. 研究堆的应用和修改. 1996.

［10］国家核安全局. 放射性废物安全监督管理规定. 1997.

［11］国家核安全局. 乏燃料贮存设施的运行. 1998.

［12］国家核安全局. 核动力厂运行安全规定. 2004.

［13］国家核安全局. 核动力厂基于计算机的安全重要系统软件. 2004.

［14］国家核安全局. 核动力厂定期安全审查. 2006.

［15］国家核安全局. 研究堆维修、定期试验和检查. 2010.

［16］国家核安全局. 研究堆堆芯管理和燃料装卸. 2012.

［17］国家核安全局. 核动力厂人员的招聘、培训和授权. 2013.

［18］国家核安全局. γ辐照装置退役. 2013.

［19］国家核安全局. 民用核安全设备安装许可证申请单位技术条件（试行）. 2013.

［20］国家核安全局. 核动力厂设计安全规定. 2016.

［21］国家环境保护总局. 环境保护行政许可听证暂行办法. 2004.

［22］国家环境保护总局. 环境信息公开办法（试行）. 2007.

［23］环境保护部. 环境保护部信息公开指南. 2008.

［24］环境保护部（国家核安全局）. 环境保护部（国家核安全局）核与辐射安全监管信息公开方案（试行）. 2011.

［25］国家核安全局. 关于加强核电厂核与辐射安全信息公开的通知. 2011.

［26］环境保护部. 关于加强核与辐射安全公众宣传与信息公开工作的通知. 2012.

［27］国家核安全局，国家能源局，国防科工局. 核安全文化政策声明. 2014.

［28］IAEA. Safety Culture，Safety Series No. 75-INSAG-4. Vienna：IAEA，1991.

［29］IAEA. ASCOT Guidelines，IAEA-TECDOC-743. Vienna：IAEA，1994.

［30］IAEA. ASCOT Guidelines，IAEA-TECDOC-860. Vienna：IAEA，1996.

［31］IAEA. Examples of Safety Culture Practices，Safety Reports Series No. 1. Vienna：IAEA，1997.

[32] IAEA. Developing Safety Culture in Nuclear Activities，Safety Reports Series No. 11. Vienna：IAEA，1998.

[33] IAEA. Basic Safety Principles for Nuclear Power Plants 75-INSAG-3 Rev.1，INSAG-12. Vienna：IAEA，1999.

[34] IAEA. Management of Operational Safety in Nuclear Power Plants，INSAG-13. Vienna：IAEA，1999.

[35] IAEA. Key Practical Issues in Strengthening Safety Culture，INSAG-15. Vienna：IAEA，2002.

[36] IAEA. Self-assessment of Safety Culture in Nuclear Installations，IAEA-TECDOC-1321. Vienna：IAEA，2002.

[37] IAEA. Safety Culture in Nuclear Installations，IAEA-TECDOC-1329. Vienna：IAEA，2002.

[38] IAEA. Safety Culture in the Maintenance of Nuclear Power Plants，Safety Reports Series No. 42. Vienna：IAEA，2005.

[39] IAEA. Application of the Management System for Facilities and Activities，Safety Guide No. GS-G-3.1. Vienna：IAEA，2006.

[40] IAEA. Stakeholder Involvement in Nuclear Issues，INSAG-20. Vienna：IAEA，2006.

[41] 国际原子能机构. 国际原子能机构安全术语核安全和辐射防护系列 2007 年版. 维也纳：2007.

[42] IAEA. SCART Guidelines，IAEA Services Series No. 16. Vienna：IAEA，2008.

[43] IAEA. The Management System for Nuclear Installations，Safety Guide No. GS-G-3.5. Vienna：IAEA，2009.

[44] IAEA. Safety Culture in Pre-operational Phases of Nuclear Power Plant Projects，Safety Reports Series No. 74. Vienna：IAEA，2012.

[45] IAEA. Low level Event and Near Miss Process for Nuclear Power Plants: Best Practices, Safety Reports Series No. 73. Vienna: IAEA, 2012.

[46] IAEA. Regulatory Oversight of Safety Culture in Nuclear Installations, IAEA-TECDOC-1707. Vienna: IAEA, 2013.

[47] 国际原子能机构. 福岛第一核电站事故 总干事的报告. 维也纳: 2015.

[48] IAEA. Leadership and Management for Safety, General Safety Requirements No. GSR Part 2. Vienna: IAEA, 2016.

[49] IAEA. OSART Independent Safety Culture Assessment (ISCA) Guidelines, IAEA Services Series 32. Vienna: IAEA, 2016.

[50] IAEA. Performing Safety Culture Self-assessments, Safety Reports Series No. 83. Vienna: IAEA, 2016.

[51] NRC. Policy Statement on the Conduct of Nuclear Power Plant Operations. 1989.

[52] NRC. Freedom of Employees in the Nuclear Industry to Raise Safety Concerns without Fear of Retaliation. 1996.

[53] NRC. Recommended Staff Actions Regarding Agency Guidance in the Areas of Safety Conscious Work Environment and Safety Culture, SECY-04-0111. 2004.

[54] NRC. Guidance for Establishing and Maintaining a Safety Conscious Work Environment, NRC Regulatory Issue Summary 2005-18. 2005.

[55] NRC. Safety Culture Initiative Activities to Enhance the Reactor Oversight Process and Outcomes of the Initiatives, SECY-06-0122. 2006.

[56] NRC. Information on the Changes Made to the Reactor Oversight Process to More Fully Address Safety Culture, NRC Regulatory Issue Summary 2006-13. 2006.
[57] NRC. Safety Culture Policy Statement. 2011.
[58] NRC. Safety Culture Common Language, NUREG-2165. 2013.
[59] NRC. Guidance for Conducting an Independent NRC Safety Culture Assessment. 2014.
[60] NRC. Aspects within the Cross-Cutting Areas, Manual Chapter 0310. 2014.
[61] INPO. Principles for a Strong Nuclear Safety Culture. 2004.
[62] 世界核运营者协会. 核电厂业绩目标和评估标准. 2005.
[63] Oedewald, P., Pietikäinen, E. & Reiman, T. A Guidebook for Evaluating Organizations in the Nuclear Industry - an example of safety culture evaluation. Swedish Radiation Safety Authority, Research Report 2011: 20.
[64] Bel V. Guidance—Safety Culture Observations Tool. 2013.
[65] WANO. Traits of a Healthy Nuclear Safety Culture. 2014.
[66] Link Visum consulting group. NRC Safety Culture Outreach Survey, Final Report. 2015.
[67] 习近平. 在荷兰海牙核安全峰会上的讲话. 新华网：2014.
[68] 习近平. 加强国际核安全体系 推进全球核安全治理——在华盛顿核安全峰会上的讲话. 新华网：2016.
[69] 丁世海. 对公共关系定义的辩析. 佳木斯工学院学报，1995 (1).
[70] 陈金元，杨孟琢. 浅谈核安全文化. 核安全，2003 (2).
[71] 李海峰. 团队精神的文化渊源与培养大学生团队精神的方法研究. 西安：西安科技大学，2003.

［72］陆玮，唐炎钊. 大亚湾核电站的核安全文化建设探讨. 核科学与工程，2004（3）.
［73］李京喜，任欧. 从组织和个体文化角度谈谈核安全文化. 核安全，2005（3）.
［74］大亚湾核电运营管理有限责任公司安全文化与人因改进项目组译. 发展核活动中的安全文化　有助于发展的切实可行的建议. 北京：原子能出版社，2006.
［75］周涛，陆道纲，李悠然. 核安全文化与中国核电发展. 现代电力，2006（5）.
［76］杨新生. 关于公共关系基本概念的重新认识. 平原大学学报，2006（2）.
［77］王冬凯. 政府公共关系与构建和谐社会研究. 武汉：华中科技大学，2007.
［78］张成林译.（美）彼得·圣吉著. 第五项修炼：学习型组织的艺术与实践. 北京：中信出版社，2009.
［79］张志刚，范育茂. 辐射安全文化的建立与培育. 核安全，2010（3）.
［80］徐士明，步伟东. 浅谈秦山核电有限核安全文化实践. 秦山核电站安全运行 20 周年管理与技术论文集（1991—2011）. 北京：中国原子能出版，2011.
［81］黄昕，谭杰. 机遇学习型组织理论的核电站核安全文化建设探讨. 南华大学学报，2011（04）.
［82］艾亮. 企业文化建设研究. 天津：天津大学，2012.
［83］刘春森. 我国政府公共关系常态机制研究. 山东：山东师范大学，2012.
［84］刘华. 科学统筹　长远规划　确保我国核与辐射安全. 环境保护，

2013 (Z1).

[85] 蔡敏莉. 当代大学生责任意识教育研究. 苏州：苏州大学，2013.

[86] 注册核安全工程师岗位培训丛书编委会. 核安全综合知识（修订版）. 北京：中国环境科学出版社，2013.

[87] 李干杰. 深入贯彻核安全观　全面实现核安全监督现代化. 中国核与辐射安全监管三十年征文集（1984—2014）. 北京：中国文史出版社，2014.

[88] 刘华. 核安全是国家安全的重要组成部分. 中国环境报，2014-07-11（2).

[89] 李干杰. 科学谋划　协调推进　全面实现核与辐射安全监管现代化. 环境保护，2015（7).

[90] 李干杰. 以“严慎细实”践行“三严三实”. 求是，2015（19).

[91] 中国核电. 中国核电卓越核安全文化的十大原则. 2015.

[92] 中广核安全文化推进小组. 健康核安全文化的特征. 2015.

[93] 扈黎光，张瀛，张玮等. 中国核安全文化 30 年的培育和发展. 科技导报，2016.